焊接技术快速入门丛书

U0279621

二氧化碳气体保护焊技术快速入门

（第二版）

邱言龙　聂正斌　雷振国　编著

王　兵　刘成耀　审

上海科学技术出版社

图书在版编目(CIP)数据

二氧化碳气体保护焊技术快速入门/邱言龙,聂正斌,雷振国编著. —2版. —上海:上海科学技术出版社,2015.3(2024.9 重印)

(焊接技术快速入门丛书)

ISBN 978 - 7 - 5478 - 1305 - 8

Ⅰ.①二⋯ Ⅱ.①邱⋯②聂⋯③雷⋯ Ⅲ.①二氧化碳保护焊 Ⅳ.①TG444

中国版本图书馆 CIP 数据核字(2015)第 024109 号

二氧化碳气体保护焊技术快速入门(第二版)

邱言龙　聂正斌　雷振国　编著

上海世纪出版(集团)有限公司　出版、发行
上海科学技术出版社
(上海市闵行区号景路 159 弄 A 座 9 F - 10 F　邮政编码 201101)

上海商务联西印刷有限公司印刷
开本　889 × 1194　1/32　印张　7.5
字数:220 千字
2011 年 6 月第 1 版
2015 年 3 月第 2 版　2024 年 9 月第 13 次印刷
ISBN 978 - 7 - 5478 - 1305 - 8/TG·77
定价:25.00 元

本书如有缺页、错装或坏损等严重质量问题,
请向工厂联系调换

内容提要

本书分 7 章,主要内容包括二氧化碳气体保护焊基础知识、二氧化碳气体保护焊焊接材料、二氧化碳气体保护焊设备、二氧化碳气体保护焊焊接工艺、二氧化碳气体保护焊通用焊接技术、焊接应力与变形、焊工安全知识等内容。

本书采用图解形式,把焊接技术和操作技能通过图表的方式——解析,借助大量实习操作和工程技术图片,使复杂问题简单化,更加方便读者理解和掌握焊接技术与操作的技能技巧。本书力求简明扼要,不过于追求系统及理论的深度,突出"快速入门"的特点,且从应用标准、名词术语、计量单位等各方面贯穿着一个"新"字,以便于工人尽快与现代工业化生产接轨,适应未来机械工业发展的需要。

本书文句简洁明了、浅显易懂,内容丰富,简明实用,可作为焊工的自学用书,也可供再就业部门对下岗、求职工人进行转岗、上岗再就业培训使用,还可供进城务工的农民工学习参考。

再版前言

几年前,为配合初级焊工技能培训的需要,为他们提供一套内容起点低、层次结构合理的焊工培训教材,我们组织了一批技师学院、高级技工学校有多年丰富理论教学经验和高超的实际操作水平的教师,编写了一套"焊接技术快速入门丛书",丛书包括:《气焊与气割技术快速入门》、《焊条电弧焊技术快速入门》、《二氧化碳气体保护焊技术快速入门》、《手工钨极氩弧焊技术快速入门》、《等离子弧焊与切割技术快速入门》、《钎焊技术快速入门》、《电阻焊与电渣焊技术快速入门》和《埋弧焊技术快速入门》8本。这套丛书的出版发行,受到广大读者的一致好评! 2012年"焊接技术快速入门丛书"(共8册)荣获第25届华东地区科技出版社优秀科技图书二等奖,得到了读者的认可。实践也证明这套丛书的出版发行,对广大焊接工人技术水平的提高起到了较好的帮助和促进作用。

当前,焊接已经成为现代机械制造业中一种重要的工艺方法,随着科学技术水平不断提高,焊接技术已被更广泛地应用于船舶、车辆、锅炉、压力容器、电机、冶炼设备、石化机械、矿山、起重机械、建筑、航空航天及国防工业等各个行业。随着国民经济的日益发展,各项建设如火如荼,技术型人才资源的缺乏已经成为制约企业发展的重要因素,焊工就是这样一支特殊的队伍。随着各种焊接先进技术得到越来越广泛的应用,我们启动了本丛书的第二版修订工作,本书是第一本完成修订的分册。

《二氧化碳气体保护焊技术快速入门》(第二版)在删除第一版过于陈旧知识和用处不大的知识基础上,根据新标准对相应内容进行了修订,修正了个别错漏,对欠清晰图进行了重新拍摄和绘制,使得全书无论从内容还是从形式上都得到了较大提高,更加能够满足广大读者对知识和技术更新的要求。

丛书根据人力资源和社会保障部制定的《国家职业标准》中初、中级

技术工人等级标准及职业技能鉴定规范编写,主要具有以下两个鲜明的特点:

　　1. 归纳典型性、通用性、可操作性强的焊接工艺实例;

　　2. 总结焊工操作中的工作要求、加工方法、操作步骤等技能、技巧。

　　本书旨在通俗、易懂、简明、实用,让焊工通过相应基础理论的学习,了解本工种的基本专业知识和基本操作技能、技巧,轻松掌握一技之长,信步迈入机械工人大门。本丛书图文并茂,浅显易懂,既便于工人自学,又可供再就业部门对下岗、求职工人进行转岗、上岗再就业培训用,也可供农民工作为技能培训教材使用。本书由邱言龙、雷振国、聂正斌编著,由王兵担任主要审稿工作,全书由邱言龙统稿。

　　由于编者水平所限,加上收集资料方面的局限,所列焊工二氧化碳气体保护焊基本操作技能和工程应用实例毕竟有限,加上焊接制造技术的不断发展,书中错误在所难免,望广大读者不吝赐教,以利提高! 欢迎读者通过 E-mail:qiuxm6769@sina.com 与作者联系!

编　者

目　录

1

第一章 二氧化碳气体保护焊基础知识

第一节 二氧化碳气体保护焊的工作原理及特点

二氧化碳(CO_2)气体保护焊的研究始于 1955 年,1960 年投入生产实践。半个世纪以来,CO_2 气体保护焊已经在造船、机车制造、汽车制造、石油化工、工程机械、农业机械等方面得到了广泛的运用,CO_2 气体保护焊已经成为当今重要的熔焊方法之一。

一、气体保护焊的定义

气体保护焊属于以电弧为热源的熔化焊接方法。在熔焊过程中,为得到质量优良的焊缝必须有效地保护焊接区,防止空气中有害气体的侵入;为满足焊接冶金过程的需要,采用气体保护的形式。使用气体形式保护的气体保护电弧焊接,能够可靠地保证焊接质量,弥补手工电弧焊的局限性,而且,气体保护焊接在薄板、高效焊接等方面,还具备独特的优越性,因此在焊接生产中的应用日益广泛。

利用外加气体作为电弧介质并保护电弧和焊接区的电弧焊接方法称为气体保护电弧焊,简称气体保护焊。气体保护焊直接依靠从喷嘴中连续送出的气流,在电弧周围造成局部的气体保护层,使电极端部、熔滴和熔池金属处于保护气罩内,机械地将空气与焊接区域隔绝,以保证焊接过程的稳定性和获得质量优良的焊缝。

气体保护焊按照所用的电极材料,有两类不同的方式(图 1-1):一种是采用一根非熔化电极(钨极)的电弧焊,称为非熔化极气体保护焊;另一种是采用一根或多根熔化电极(焊丝)的电弧焊,称为熔化极气体保护焊。

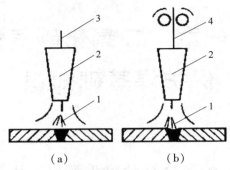

图1-1 气体保护焊方式示意图

(a) 非熔化极气体保护焊；(b) 熔化极气体保护焊

1—电弧；2—喷嘴；3—钨极；4—焊丝

二、气体保护焊的特点

气体保护焊与其他电弧焊接方法相比，有如下特点：

(1) 采用明弧焊时，一般不必用焊剂，故熔池可见度好，方便操作；而且保护气体是喷射的，适宜进行全位置焊接，不受空间位置的限制，有利于实现焊接过程的机械化和自动化。

(2) 由于电弧在保护气流的压缩下热量集中，焊接熔池和热影响区很小，因此焊件变形及裂纹倾向不大，尤其适用于薄板的焊接。

(3) 采用氩、氦等惰性气体保护时，焊接化学性质较活泼的金属或合金时，具有很高的焊接质量。

(4) 在室外作业必须有专门的防风措施，否则会影响保护的效果；电弧的光辐射较强，焊接设备比较复杂。

(5) 焊接过程操作方便，没有熔渣或很少有熔渣，焊后基本上不需要清渣。焊接过程无飞溅或飞溅很小。

(6) 能够实现脉冲焊接，以减少热量的输入。

三、CO_2气体保护焊的工作原理

利用自动送丝机构向熔池送丝，焊丝与工件间形成电弧，在CO_2气体保护下的熔化极气体保护方法，称为CO_2气体保护焊，简称CO_2焊。它是

利用从喷嘴中喷出的 CO_2 气体隔绝空气,保护熔池的一种先进的熔焊方法,其焊接过程与工作原理如图 1-2 所示。

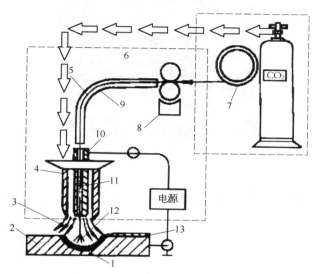

图 1-2 CO_2 气体保护焊的工作原理

1—熔池;2—焊件;3—CO_2 气体;4—喷嘴;5—焊丝;
6—焊接设备;7—焊丝盘;8—送丝机构;9—软管;
10—焊枪;11—导电嘴;12—电弧;13—焊缝

CO_2 气体保护焊属于活性气体保护焊,因此也称为 MAG 焊或 MAG-C 焊。从喷嘴中喷出的 CO_2 气体在高温下分解为 CO 并放出 O_2。在焊接条件下,CO_2 和 O_2 会使铁和其他合金元素氧化,焊接过程产生飞溅、CO 气孔等,温度越高,CO_2 的分解率就越高,放出的 O_2 就越多,产生的问题越严重。因此,在进行 CO_2 气体保护焊时,必须采取措施,防止母材和焊丝中合金元素的烧损及其他焊接缺陷的产生。

四、CO_2 气体保护焊的工作特点

CO_2 气体保护焊绝大多数是以人工手持焊枪焊接,俗称"半自动"焊接,有时可以用滚轮架(图 1-3)和小轨道车实现对圆筒形及平对接的全自动焊接。

图 1－3　焊接滚轮架

1．CO_2 气体保护焊的优点

CO_2 气体保护焊之所以能够在短时间内迅速得到推广，主要是因为其有以下的优点：

1）生产效率大大提高

（1）CO_2 气体保护焊采用的电流密度比手工电弧焊大得多，见表 1－1。由表 1－1 可以看出，CO_2 气体保护焊采用的电流密度通常为 100～300 A/mm^2，焊丝的熔敷速度高（图 1－4），母材的熔深大，对于 10 mm 以下的钢板可以开 I 形坡口一次焊透，对于厚板可以加大钝边、减小坡口，以减少填充的金属，提高焊接效率，如图 1－5 所示。

表 1－1　CO_2 气体保护焊与手工电弧焊的电流密度比较

焊接方法	焊丝直径（mm）	焊接电流使用范围（A）	电流密度（A/mm²）
手工电弧焊	5	180～260	9.2～13.3
	3.2	70～120	3.7～15.0
	2.5	70～90	14.3～18.4
	2	40～70	12.7～22.3
CO_2 气体保护焊	1.2	120～350	106.2～309.7
	1	90～250	115.4～320.5
	0.8	50～150	100～300
	0.6	40～100	143～357

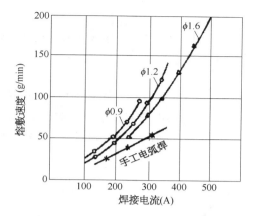

图 1-4　焊接电流对熔敷速度的影响

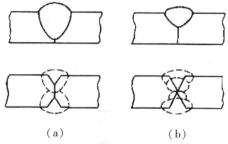

（a）　　　　　　　　　　（b）

图 1-5　CO_2 气体保护焊与手工电弧焊坡口比较

（a）CO_2 气体保护焊；（b）手工电弧焊

（2）CO_2 气体保护焊焊接过程中产生的熔渣极少，多层多道焊时层间不必清渣。

（3）CO_2 气体保护焊采用整盘焊丝（图 1-6），焊接过程中不必更换焊丝，因此减少了停弧更换焊条的时间，既节省了填充金属（没有焊条头的丢失），又减少了引燃电弧的次数，大大降低了因停弧产生焊接缺陷的可能性。

图 1-6　CO_2 气体保护焊焊丝

2）对油锈不敏感 由于 CO_2 气体保护焊焊接过程中有 CO_2 气体的分解,所以氧化性极强,对工件上的油、锈及其他脏物的敏感性就大大减小,因此对焊前的清理要求也不是很高,只要工件上没有明显的黄锈,一般不必清除。

3）焊接变形小 因为 CO_2 气体保护焊的电流密度高、电弧热量集中,并且 CO_2 气体有冷却的作用,受热的面积相对较小,所以焊后工件的变形就小,如图1-7所示,特别是焊接薄板时可以减少矫正变形的工作量。

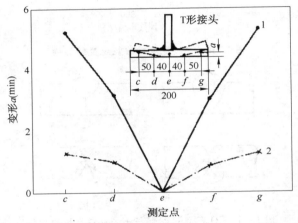

图1-7 CO_2 气体保护焊与手工电弧焊的变形比较

1—手工电弧焊;2—CO_2 气体保护焊

4）冷裂倾向小 CO_2 气体保护焊焊缝中由于扩散氢含量少,在焊接低合金高强度钢时,出现冷裂纹的倾向较小。

5）采用明弧焊 CO_2 气体保护焊电弧可见性好,容易准确地对准焊缝进行施焊,观察和控制焊接熔接过程比较方便。

6）操作简单 CO_2 气体保护焊采用的是自动送丝机构,操作简单,容易掌握,在手工电弧焊操作技术的基础上,经过短期的培训即可进行 CO_2 气体保护焊焊接。

7）焊接成本低 CO_2 气体的来源比较广泛,价格相对较低,焊接过程当中电能的消耗也少,其焊接的成本是手工电弧焊的 40% ~ 50%。

2. CO_2 气体保护焊的缺点

1）焊接过程中的飞溅大 焊接过程中产生的 CO 气体如果出现在熔滴里,就会由于气体的膨胀导致处于向焊接熔池过渡中的熔滴爆炸,形成焊接时的金属飞溅。

2）焊接过程中合金元素容易被烧损 CO_2 气体及其在高温下分解出的 O_2 具有较强的氧化性,而且随着温度的升高,其氧化性不断加强,在焊接过程中,强氧化的特性将导致合金元素的烧损。

3）焊接过程中气体保护区的抗风能力弱 CO_2 气体保护焊时,由于 CO_2 气流的保护作用,把焊接电弧区周围的空气排挤出焊接电弧区,保护好处于高温状态下的电极、熔化金属和处于高温区域的近缝区金属,使这些位置不与周围的空气进行接触,防止被空气中的 O_2 氧化。但是如果在焊接时 CO_2 气体保护作用被自然风破坏,CO_2 气体保护焊的焊缝质量将变差,因此在实施室外焊接时,CO_2 气体保护焊周围必须要有防风措施的保护。

4）拉丝式焊枪比手工电弧焊的焊钳重 CO_2 气体保护焊拉丝式焊枪上有焊丝盘和送丝电动机,如图 1-8 所示。虽然送丝电动机的功率较小(一般为 10 W 左右)、焊丝盘的重量也不超过 1 kg,但是整个焊枪比手工电弧焊焊钳重很多,因此增加了焊接操作时的劳动强度,而且在小范围内的操作更是不方便、不灵活。

5）焊接设备较复杂 CO_2 气体保护焊焊机主要由 7 个部分组成(图

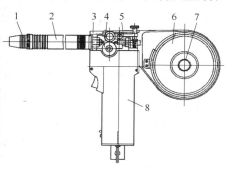

图 1-8 拉丝式焊枪

1—喷嘴;2—枪体;3—绝缘外壳;4—送丝轮;5—螺母;
6—焊丝盘;7—压紧螺栓;8—送丝电动机

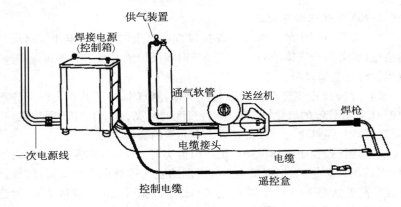

图1-9　CO_2气体保护焊设备组成

1-9）：焊接电源、控制箱、送丝机构、焊枪（手工焊枪或自动焊小车）、CO_2气体供气装置、遥控盒、冷却水循环装置（大电流焊接时用冷却焊枪）等。其设备的组成比焊条电弧焊机复杂，在需要经常移动的焊接现场上焊接时，没有焊条电弧焊机动性好。

　　6）气体保护焊焊机比焊条电弧焊机价格高　CO_2气体保护焊焊机价格是普通交流焊条电弧焊机的3倍，是直流焊条电弧焊机的1.5倍，价格较高。

第二节　二氧化碳气体保护焊电弧与熔滴过渡

一、CO_2气体保护焊电弧

1. 电弧的静特性

当焊接时的电弧长度不发生变化，电弧可以稳定地进行燃烧，电弧两端电压与电流的关系称为电弧的静特性。由于CO_2气体保护焊采用的电流密度很大，电弧的静特性处于上升阶段，也就是焊接电流增加时电弧电压也相应增加，如图1-10所示。

2. 电弧的极性

通常情况下焊接时，CO_2气体保护焊都采用直流反接的形式，如图

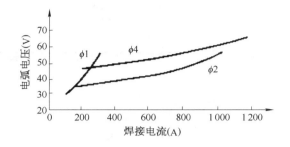

图 1 - 10 CO$_2$ 气体保护焊电弧的静特性

1 - 11 所示。采用直流反接时的焊接
电流比较稳定,金属飞溅小,成形也较
好,熔透深度大,焊缝金属中扩散氢的
含量少。但是在堆焊和补焊铸铁时采
用直流正接更为适宜,因为在焊接时,
阴极的发热量比阳极的发热量大,正
极性时焊丝接阴极,熔化系数大,大约
为反极性的 1.6 倍,熔深较浅,堆焊金
属的稀释率也较小,有利于焊接的实
施效果。

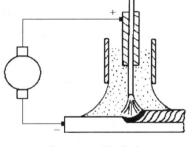

图 1 - 11 CO$_2$ 气体
保护焊的直流反接

二、CO$_2$ 气体保护焊熔滴过渡

CO$_2$ 气体保护焊过程中,电弧燃烧的稳定性和焊缝成形的好坏取
决于熔滴过渡形式。另外,熔滴过渡对焊接工艺和冶金特点也有影
响,选择合理的焊接工艺参数,以获得所希望的熔滴过渡形式,从而保
证焊接过程中的稳定性,减少飞溅。CO$_2$ 气体保护焊熔滴过渡的形式
大致可以分为短路过渡、颗粒过渡和半短路过渡三种形式,如图 1 - 12
所示。

1. 短路过渡

CO$_2$ 气体保护焊过程中,如果焊接电流过小,焊接电弧不稳定,焊丝
熔滴主要受到重力的作用而呈现大滴过渡,不仅熔滴过渡无力,而且焊缝
的成形也不是很好。此时,如果降低电弧电压,使焊接电弧弧长小于熔滴

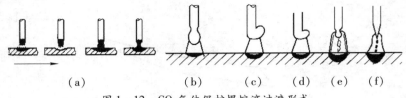

图 1-12 CO$_2$ 气体保护焊熔滴过渡形式

（a）短路过渡；（b）颗粒过渡；（c）大颗粒过渡；
（d）细颗粒过渡；（e）射滴过渡；（f）射流过渡

自由成形时熔滴直径,不仅焊接电弧稳定,焊接飞溅小,而且熔滴向焊接熔池过渡的频率也增大,焊缝成形也大大改善。这种小焊接电流配低电弧电压的焊接方法,就是熔滴短路过渡,被广泛用于薄板和空间位置的焊接。短路过渡过程的焊接电流、电弧电压波形如图 1-13 所示。

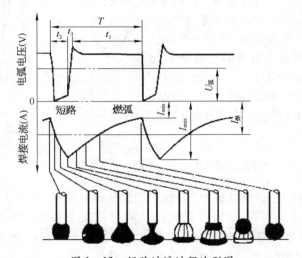

图 1-13 短路过渡过程波形图

t_1—电弧燃弧时间；t_2—短路时间；t_3—电压恢复时间；T—焊接循环；
I_{max}—短路峰值电流；I_{min}—最小电流；$I_{焊}$—焊接电流（平均值）；$U_{弧}$—电弧电压（平均值）

熔滴短路过渡时,焊丝端部的熔滴在电弧中不断长大,熔滴与起伏不定的熔池发生短路接触,在焊丝端部与焊接熔池之间建立起短路液桥,该短路液桥将受到重力、内部黏滞力、表面张力、短路电流产生的电磁收缩力和气体爆破力等的作用,实现熔滴的短路过渡。

为了获得最高的短路频率,要选择最合适的电弧电压,对于直径为 0.8 ~ 1.2 mm 的焊丝,该值在 20 V 左右,最高短路频率约为 100 Hz。当采用短路过渡形式焊接时,由于电弧不断地发生短路,因此可听见均匀的"啪啪"声。如果电弧电压过低,因弧长很短,短路的频率很高,电弧燃烧的时间很短,可能焊的端部还来不及熔化就插入熔池,就会发生固体短路,因短路的电流很大,致使焊丝突然爆断,产生严重的飞溅,使焊接过程极不稳定,此时可以看到很多短段焊丝插在焊缝上,像刺猬一样。

2. 颗粒过渡

当焊接电流较大、电弧电压较高时,会发生颗粒过渡。焊接电流对颗粒过渡的影响非常显著,随着焊接电流的增加,熔滴体积减小,过渡频率增加,如图 1 - 12b ~ d 所示。共有以下三种情况:

1)颗粒过渡　当焊接电流和短路电流的上限差不多,但电弧电压较高时,电弧较长,熔滴增长到最大时不会短路,在重力作用下落入熔池,这种情况焊接过程较稳定、飞溅也小,常用来焊接薄板,如图 1 - 12b 所示。

2)大颗粒过渡　当焊接电流比短路电流大,电弧电压较高时,由于焊丝的熔化较快,在端部出现很大的熔滴,不仅左右摆动,而且上下跳动,一部分成为大颗粒飞溅,一部分落入熔池,这种过渡形式称为大颗粒过渡,如图 1 - 12c 所示。大颗粒过渡时飞溅较多,焊缝成形不是很好,焊接过程不稳定,没有应用的价值。

3)细颗粒过渡　当焊接电流进一步增加,熔滴变细,过渡频率较高,此时飞溅少,焊接过程稳定,称为细颗粒过渡(又称小颗粒过渡)。对于 $\phi1.6$ mm 焊丝,当焊接电流超过 400 A 时,就是细颗粒过渡,飞溅少,焊接过程稳定,焊丝熔化效率高,适用于焊接中厚板。细颗粒过渡时,焊丝端部的熔滴较小,左右摆动,如图 1 - 12d 所示。

3. 半短路过渡

在焊接电流小和电弧电压低时产生短路过渡,而当焊接电流大和电弧电压高时会发生细颗粒过渡;如果焊接电流和电弧电压处在上述两种情况中间时,即发生半短路过渡,如对于 $\phi1.2$ mm 的焊丝,焊接电流为 180 ~ 260 A,电弧电压为 24 ~ 31 V 时,就可以发生半短路过渡。此时,除了有少量颗粒状的大滴飞落到熔池外,还会发生半短路过渡,如图 1 - 14 所示。

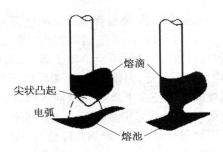

尖状凸起
电弧
熔滴
熔池

图 1-14　半短路过渡时的短路过渡示意图

半短路过渡时焊缝的成形较好,但是飞溅很大,当焊机的特性适合时,飞溅损失可减小到百分之几以下。半短路过渡适用于 6～8 mm 中厚度钢板的焊接。

三、改善 CO_2 气体保护焊熔滴过渡的途径

CO_2 气体保护焊过程中,焊接飞溅是最大的缺点,这与焊丝熔滴过渡形态有关。所以,解决熔滴过渡的最佳途径就能改善焊接飞溅,因此,应从改善焊接设备的性能和选用不同的焊接工艺着手解决。

1. 焊接设备的改进

采用波形控制和短路电流疏导相结合的控制原理,研制了焊接新设备 IGBT 逆变式低飞溅 CO_2 气体保护焊机,使用此焊机时飞溅少,焊缝成形美观,焊接质量优良,主电路、控制电路简单可靠。

1) 短路电流波形控制　CO_2 气体保护焊过程中,根据燃弧和焊丝熔滴短路两个阶段的特点,采用变结构电路设计的原理,将控制电路设计成燃弧电路和短路电流控制电路。根据焊接过程中焊丝熔滴的状态,判断控制电路发出的指令进行适时的切换:在短路阶段,CO_2 气体保护焊系统被设计成一个电流跟随器,使输出的焊接电流随给定值的变化而变化,并在短路初期,利用短路电流疏导电路使焊接电弧部分分流,以减少短路初期的焊接飞溅。短路电流给定值的波形如图 1-15 所示。

短路电流波形控制可以分为瞬时短路控制、正常短路控制和短路时间过长控制等三种方法。

(1) 瞬时短路控制($t_1 \sim t_2$)。当短路电流波形控制检测到焊丝熔滴与焊缝熔池发生短路后,首先进行瞬时短路的控制,降低短路电流,控制

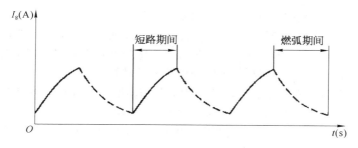

图 1 - 15 短路电流给定值波形

瞬时短路电流上升的速度,使焊丝熔滴以较低的电流值与焊缝熔池充分的接触,达到缓慢过渡并能减少瞬时短路产生的焊接飞溅。瞬时短路控制阶段波形控制($t_1 \sim t_2$)如图 1 - 16 所示。

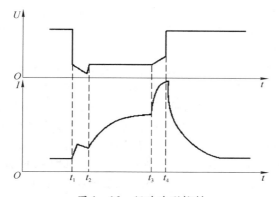

图 1 - 16 短路波形控制

(2)正常短路控制($t_2 \sim t_3$)。控制住瞬时短路之后,将焊接回路中的低电流值保持一定的时间,再控制流过短路液桥的电流以较小的斜率增长,在保证有足够的电磁压缩作用的同时,降低短路电流的峰值,以减小在短路后期,短路液桥缩颈爆断时所产生的焊接飞溅。正常短路控制阶段波形控制($t_2 \sim t_3$)如图 1 - 16 所示。

(3)短路时间过长控制($t_3 \sim t_4$)。当短路时间过长,超出了正常短路的时间时,立即解除对短路电流上升速度的控制,使电流以正常的速度增大,加速焊丝熔滴缩颈处破断,促使熔滴快速向焊缝熔池过渡,避免因为短路时间过长,焊丝熔滴生长过大而影响焊接过程的稳定。短路时间过长控制阶段波形控制$(t_3 \sim t_4)$如图 1-16 所示。

2）短路电流疏导电路　为了能迅速有效地控制短路初期瞬时电流值,从短路电流疏导电路中的霍尔电压传感器上获得了焊丝熔滴与焊缝熔池短路的信号,经单稳态触发器的输入并转换成脉冲信号输出。该脉冲信号经反向器送集成驱动器驱动 IGBT 模块,使短路电流疏导电路瞬时导通。由于 IGBT 模块与焊接电弧并联,所以,焊接电弧电流被部分分流,由此可见,在焊丝熔滴与焊缝熔池短路后的 300 μs 时间内,能及时有效地控制焊接回路中的电弧电流。

2. 焊接工艺的选择

1）CO_2加 O_2混合使用　CO_2气体保护焊时,焊接过程不够稳定。如果在 CO_2气体中加入体积分数为 15% ~20% 的 O_2,使保护气体的氧化性加强,通过焊接过程的冶金反应,产生较大的热量,从而降低液态金属表面张力,改善焊丝熔滴过渡以及焊缝熔池金属的流动性。同时,由于 O_2的加入,使焊接过程的冶金反应更加强烈,焊缝中的含氢量更低,提高了焊接接头的抗裂性能。

2）CO_2加 Ar 混合使用　在 CO_2气体中加入 Ar,降低了由于纯 CO_2气体在焊接电弧温度区内的热导率,消耗了焊接电弧大量的热量,从而使电弧弧柱、电弧斑点强烈的收缩而产生焊接飞溅。在短路过渡焊时,一般采用 $\varphi(CO_2)50\% + \varphi(Ar)50\%$;在非短路过渡 CO_2气体保护焊中,一般采用 $\varphi(CO_2)30\% + \varphi(Ar)70\%$。采用 CO_2加 Ar 混合气体焊接时,除了降低焊接飞溅外,还能改善焊缝成形,降低焊缝余高和熔深,增加焊缝熔宽。

3）采用脉动送丝系统　在 CO_2气体保护焊中,采用脉动送丝系统代替常规的等速送丝,使焊丝熔滴在脉动送进的情况下,与焊缝熔池发生短路,使短路过渡频率与脉动送丝的频率基本一致,短路电流峰值不仅均匀一致,而且数值也不高,从而降低了焊接飞溅。如果在脉动送丝的基础上,再配合电流波形控制(其控制焊接飞溅),确保焊丝熔滴稳定过渡的效果会更好。不同焊接工艺时焊接飞溅率与焊接电流关系如图 1-17 所示。

4）采用纯 CO_2气体加药芯焊丝工艺　纯 CO_2气体保护焊时,焊接飞溅较大,焊缝成形比焊条电弧焊差。采用纯 CO_2气体加药芯焊丝焊接工艺时,是用气-渣联合保护的焊接工艺,克服了纯 CO_2气体保护焊的缺点。其主要工艺特点如下:

（1）焊接飞溅小。通过改变药芯焊丝成分,从而改变焊丝熔滴及熔

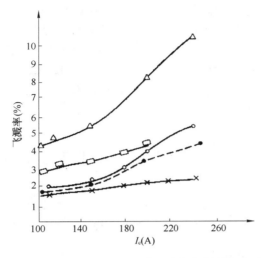

图 1-17 不同焊接工艺时焊接飞溅率与焊接电流关系

池表面张力,进而减小熔滴体积、实现喷射过渡、减小焊接飞溅。

(2)焊缝气孔少。通过增加药芯焊丝的 FeC_2,减少 TiO_2 等,使药芯焊丝焊道的气孔比实芯 CO_2 焊丝焊道气孔少。

(3)焊缝韧度高。用药芯焊丝的脱氧剂,降低焊缝中的含氧量,提高焊缝低温韧性。

(4)熔敷速度高。由于药芯焊丝金属外皮很薄,焊接电流密度大,焊丝伸出长度部分的热量较大,从而形成药芯焊丝熔化速度高的焊接特点。与焊条电弧焊相比,药芯焊丝的连续焊接,替代了焊条电弧焊因更换焊条而中断的焊接,使焊接熔敷速度明显提高。

(5)焊缝熔深大。因药芯焊丝电流密度大,不仅对接焊道熔深较深,而且提高了角焊焊接根部的熔深,与实芯焊丝 CO_2 气体保护焊相比,减少了由于熔合不良而返工修补的工作量。

(6)适宜大焊速的立向上焊接。CO_2 气体保护加药芯焊丝进行立向上焊接时,通过高黏度、高凝固点的熔渣,牢固地托住熔化的金属形成完美的焊缝。大焊速的立向上焊接过程中,焊接电流约为实芯焊丝的 2 倍。

(7)药芯焊丝 CO_2 气体保护焊可以焊接不锈钢。由于药芯焊丝中的 TiO_2 及硅砂等酸性氧化物的作用,使不锈钢中的 Cr 与 C 不再发生冶金反应,尽量在焊接过程中使用 CO_2 气体保护,但是熔敷金属中的含碳量却不增加,从而避免不锈钢实芯焊丝 CO_2 气体保护焊过程中产生晶间腐蚀。

(8)焊工操作技术容易掌握。与实芯焊丝 CO_2 气体保护焊相比,在药芯焊丝 CO_2 气体保护焊过程中,焊缝由于熔渣和 CO_2 气体联合保护,不仅焊接飞溅少、焊缝成形好,而且焊工操作技术容易掌握,所需要的培训时间也相应缩短。

第三节　二氧化碳气体保护焊的分类

CO_2 气体保护焊主要有混合气体保护焊、气电立焊、CO_2 气体保护电弧点焊、实芯焊丝 CO_2 气体保护焊和药芯焊丝 CO_2 气体保护焊等五种。

一、混合气体保护焊

混合气体保护焊与纯 CO_2 气体保护焊的不同之处是,采用 O_2 与 CO_2、Ar 与 CO_2 或 O_2 和 Ar 与 CO_2 按照不同比例混合的气体作为保护气体进行焊接,简称为 MAG - M 焊。与纯 CO_2 气体保护焊相比,混合气体保护焊具有以下优点:

1)焊接飞溅小　采用 $\phi1.2$ mm 的焊丝,焊接电流为 350 A 时,用 Ar 与 CO_2 混合气体作保护气体,在不同混合比时的飞溅率如图 1 - 18 所示。

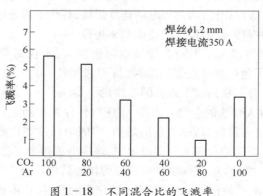

图 1 - 18　不同混合比的飞溅率

2）合金元素烧损少 Ar 与 CO_2 在不同混合比时,各类合金元素的过渡系数如图 1-19 所示。

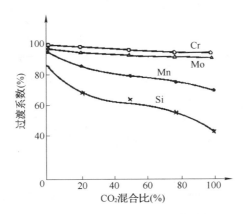

图 1-19 不同混合比的合金元素过渡系数

3）焊缝质量高 用混合气体保护焊焊接时,焊缝金属的冲击韧度比纯 CO_2 气体保护焊要高,含氧量却比纯 CO_2 气体保护焊低,如图 1-20 所示。

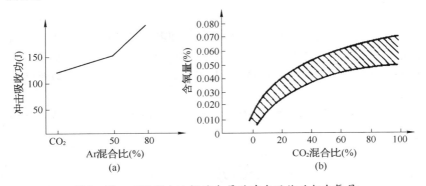

图 1-20 不同混合比焊缝金属的冲击吸收功与含氧量

4）薄板焊接时焊接参数范围较宽 不同混合比时许用焊接参数的变化范围如图 1-21 所示。

混合气体保护焊除了用来焊接低、中碳钢外,还可以用来焊接低合金高强度钢,使用时应根据被焊接材料的不同选择混合气体的种类及比例。

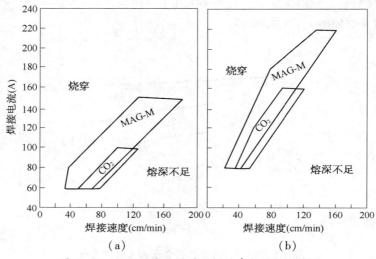

图 1-21 不同混合比时许用焊接参数的变化范围

(a) 1 mm 板对接 $\phi(Ar)80\% + \phi(CO_2)20\%$；

(b) 1.6 mm 板对接 $\phi(Ar)80\% + \phi(CO_2)20\%$

二、气电立焊

气电立焊是由普通熔化极气体保护焊和电渣焊发展而产生的一种新的熔化极气体保护电弧焊方法。保护气体可以是单一的气体（如 CO_2），也可以是混合气体（如 $Ar + CO_2$）。焊丝可以是实芯焊丝，也可以是药芯焊丝。

焊接过程中用水冷滑块挡住熔化的金属，使其强迫成形，实现立向位置的焊接。气电立焊的优点是：即使是开 I 形坡口的厚板也可一次焊接成形，生产效率相当高。常用于焊接 12 ~ 80 mm 厚的低碳钢板或中碳钢板，也可以焊接奥氏体不锈钢板和其他金属合金。

气电立焊的焊接电源采用直流电源反接法，当采用陡降外特性时，可以通过对电弧电压的反馈来控制行走机构，用以保持焊丝伸出长度的稳定；当采用平特性时，可以采用手动控制或利用检测熔池上升高度来控制行走机构的自动提升。气电立焊的焊接电源容量要大，负载持续率要高，通常的焊接电流为 450 ~ 650 A，最大的焊接电流为 1 000 A，负载持续率为100%。

气电立焊设备主要由焊接电源、焊枪、送丝机构、水冷滑块、送气系统、焊枪摆动机构、升降机构、控制装置等组成。除焊接电源外,其余部分都被组装在一起,并随着焊接过程的进行而垂直向上移动,这种方法看似焊缝轴线处于垂直位置,但实际上是一种焊缝在垂直上升的平焊,因为焊丝是不断地向下送进的。气电立焊的原理如图1-22所示。

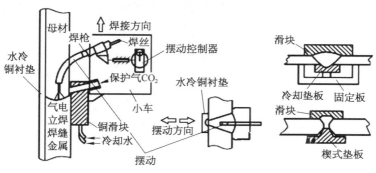

图1-22　气电立焊原理图

三、CO_2气体保护电弧点焊

用外加气体作为电弧介质并保护电弧和点焊机区的电弧焊,简称气体保护电弧点焊。用CO_2气体作保护,在两块搭接的薄板上,利用燃烧的

图1-23 CO₂气体保护电弧点焊机

电弧来熔化上下两块金属构件,焊枪及焊件在焊接过程中都不动,由于焊丝的熔化,在上板表面形成一个铆钉形状。这种焊接的方法是通过电弧把一块板完全熔透到另一块板上来实现电弧点焊的。CO_2气体保护电弧点焊机如图1-23所示。

CO_2气体保护电弧点焊的板材一般不大于5 mm,较厚的板材也可以直接进行电弧点焊,但是在焊接前要在上板进行钻孔或冲孔,电弧通过该孔直接加热下板而形成焊缝,这种焊接的方法也称为塞焊。CO_2气体保护电弧点焊有别于电阻点焊,电阻点焊是通过电极压紧两块薄金属板,此时,电极接通电源,电流则在两块薄金属板的接触面上产生电阻热,使接触面上流过电流的接触点熔化而形成焊点。气体保护电弧点焊与电阻点焊焊缝截面示意图如图1-24所示。

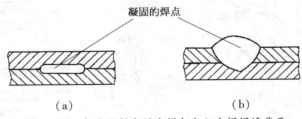

凝固的焊点

(a) (b)

图1-24 气体保护电弧点焊与电阻点焊焊缝截面

(a) 电阻点焊;(b) 气体保护电弧点焊

CO_2气体保护电弧点焊焊接过程的特点是:被焊接的两块金属板要贴紧,中间无间隙,焊接电流要大,燃弧时间要短,焊机的空载电压要高些,一般要大于70 V,以保护点焊焊接过程频繁引弧的可靠性。CO_2气体保护电弧点焊常用的接头形式如图1-25所示。

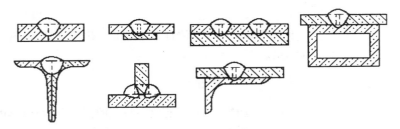

图 1 - 25 CO₂气体保护电弧点焊常用的接头形式

在进行水平位置 CO_2 气体保护电弧点焊时,如果上下板厚度都在 1 mm 以下,为了提高抗剪强度,防止烧穿,点焊时应加垫板。如果上板很厚,一般大于 6 mm 时,熔透上板所需要的电流又不足时,可以先将上板开一个锥形孔,然后再施焊,也就是"塞焊"。仰焊 CO_2 气体保护电弧点焊时,为了防止熔池金属的下落,在焊接参数选择上应尽量采用大的电流、低的电压、短的时间及大的气体流量。对于垂直位置的 CO_2 气体保护电弧点焊,其焊接时间要比仰位焊接时间更短。

因此,CO_2 气体保护电弧点焊作为一种高效的点焊方法,以其点焊变形小和点焊机成本低的特点,在生产中获得了广泛的应用。

四、实芯焊丝 CO_2 气体保护焊

实芯焊丝是 CO_2 气体保护焊中最常用的一种焊丝,由热轧线材经过拉拔加工而成,为了防止焊丝生锈,须对焊丝的表面(除不锈钢焊丝外)进行特殊的处理,目前主要是镀铜的处理,包括电镀、浸铜及化学镀铜等方法。实芯焊丝实物如图 1 - 26 所示。

采用实芯焊丝 CO_2 气体保护焊时,保护气体是 100% 的 CO_2 气体,焊接过程中的飞溅大,焊接烟尘也大,焊缝成形后的冲击韧度较低,基本能满足力学性能的要求,保护气体的价格也最便宜,与 Ar、He 等气体比较更经济实惠,因而得到了最普遍的运用。

图 1 - 26 实芯焊丝

但在实际生产中,多是采用 $\varphi(CO_2)80\% + \varphi(O_2)20\%$(体积分数)进行气体保护焊,这样比采用纯 CO_2 气体具有更强的氧化性,焊接电弧的热量会更高,可以大大提高焊接速度和焊缝熔透深度。

五、药芯焊丝 CO_2 气体保护焊

药芯焊丝是由钢带和焊药组成的,焊药放在特制的钢带上,经包卷机的包卷和拉拔而成。焊接过程中可以用气体做保护的称为气体保护焊用药芯焊丝,用药芯焊丝的 CO_2 气体保护焊的称为药芯焊丝 CO_2 气体保护焊。

焊接过程中,药芯焊丝在电弧的高温作用下产生气体和熔渣,起到造气保护和造渣保护作用,不另加气体保护的称为自保护药芯焊丝,用这种焊丝焊接的方法称为自保护药芯焊丝焊接。

1. 药芯焊丝 CO_2 气体保护焊的原理

这种焊接方法的原理与 CO_2 气体保护焊的不同之处是,药芯焊丝气体保护焊利用药芯焊丝代替实芯焊丝进行焊接,如图 1-27 所示。

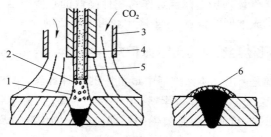

图 1-27　药芯焊丝气体保护焊原理图
1—电弧;2—熔滴;3—喷嘴;4—导电嘴;5—药芯焊丝;6—渣壳

药芯焊丝是利用薄钢板卷成圆形钢管或异形钢管,在管中填满一定成分的药粉,经拉制而成的焊丝,焊接过程中药粉的作用与焊条药皮相同。因此,药芯焊丝气体保护焊的焊接过程是双重保护——气渣联合保护,可获得较高的焊接质量。药芯焊丝的断面形状如图 1-28 所示。

2. 药芯焊丝 CO_2 气体保护焊的特点

1)优点

(1)熔化系数高。由于焊接电流只流过药芯焊丝的金属表皮,其电

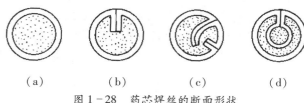

（a）　　　　（b）　　　　（c）　　　　（d）

图 1-28　药芯焊丝的断面形状

（a）O 形；（b）T 形；（c）E 形；（d）双层药芯

流密度非常高,产生大量的电阻热,使其熔化速度比相同直径的实芯焊丝高。一般情况下,药芯焊丝的熔敷率达 75% ~ 88%,生产效率是实芯焊丝的 1.5 ~ 2 倍,是手工电焊条的 5 ~ 8 倍。

（2）焊接熔深大。由于电流只流过药芯焊丝的金属表皮,电流密度大,使焊道熔深加大。国外研究资料表明,当角焊缝的实际厚度加大时,其接头强度不因焊道外观尺寸的变化而变化。因此焊脚尺寸可以减小,焊脚减小可节约焊缝金属 50% ~ 60%。

（3）工艺性好。由于药芯中加了稳弧剂和造渣剂,因此电弧稳定、熔滴均匀、飞溅小、易脱渣、焊道成形美观,其良好的焊缝表面成形有利于提高焊接结构的动载性能。

（4）焊接成本低。药芯焊丝 CO_2 气体保护焊的总成本仅为手工电弧焊的 45.1%,并略低于实芯焊丝 CO_2 气体保护焊。

（5）适应性强。通过改变药芯的成分可获得不同类型的药芯焊丝,以适应不同的需要。

总之,药芯焊丝 CO_2 气体保护焊是一种高效、节能、经济、工艺性好、焊接质量高的焊接工艺。

2）缺点　与实芯焊丝 CO_2 气体保护焊相比,药芯焊丝 CO_2 气体保护焊有以下缺点:

（1）烟雾大。焊接时烟雾较大。

（2）焊渣多。焊渣较实芯焊丝 CO_2 气体保护焊多,故多层焊时要注意清渣,防止产生夹渣缺陷。但渣量远较手工电弧焊少,因此清渣工作量并不大。

3. 药芯焊丝 CO_2 气体保护焊的应用范围

药芯焊丝可用于焊接不锈钢、低合金高强度钢及堆焊。国外已将药芯焊丝广泛地用于重型机械、建筑机械、桥梁、石油、化工、核电站设备、大型发电设备及采油平台等制造业中,并取得了很好的效果。近年来,随着我国生产药芯焊丝技术的不断提高,国产药芯焊丝的质量也得到了相当大的改善,品种也在不断增加,因此,药芯焊丝的使用范围在逐渐扩大。

第二章 二氧化碳气体保护焊焊接材料

CO_2 气体保护焊的焊接材料有很多,这里只介绍焊接用保护气体和焊丝。

第一节 保护气体

CO_2 气体保护焊中所涉及的保护气体主要包括 CO_2 气体、氩气(Ar)以及混合气体等。

一、CO_2 气体

1. CO_2 气体的性质

CO_2 有三种状态,即固态、液态和气态。纯净的 CO_2 是无色、无臭、稍微有酸味的无毒气体,CO_2 气体也称为碳酸气。CO_2 的相对分子量为 44.009,在 0℃和一个大气压的标准状态下,其密度为 1.977 kg/m^3,是空气的 1.5 倍。CO_2 气体易溶于水生成碳酸,对水的溶解度随温度的升高和压力的降低而减少。

当温度低于 -11℃时,CO_2 的密度比水要大,当温度高于 -11℃时,其密度比水小。液态的 CO_2 在 -78℃时转变为气态的 CO_2,不加压力冷却时,CO_2 直接由气态变成固态,称为"干冰",温度升高时,"干冰"升华直接变成气态的 CO_2 气体。在 0℃和 0.1 MPa 大气压下,1 kg 液态的 CO_2 可蒸发为 509 L 气态的 CO_2,通常 40 L 的标准容量气瓶可装入 25 kg 液态的 CO_2。瓶装的 CO_2 与 Ar 等其他气体满瓶时的压力不同,CO_2 气瓶满瓶压力为 5~7 MPa,而 Ar、O_2 等其他压缩气体满瓶压力为 12~15 MPa。

25 kg 液态的 CO_2 约占气瓶容积的 80%,其余的 20% 左右空间充满了气态的 CO_2。气瓶上的压力表所指的压力数值就是这部分气体的饱和压力,此压力值的大小与周围环境温度的高低有关,当环境温度升高时,CO_2 气体饱和压力就升高,当环境温度降低时,气体饱和压力就降低。CO_2 气体饱和压力与环境温度的关系见表 2-1。

表 2-1　CO_2 气体饱和压力与环境温度的关系

温 度 (℃)	压 力 (MPa)	比体积(L/kg)		比热容[4.18 J/(kg·K)]	
		液体	蒸汽		
-50	0.67	0.867	55.4	75.01	155.57
-40	1.00	0.897	38.6	79.59	156.17
-30	1.42	0.931	27.0	84.19	156.56
-20	1.96	0.971	19.5	88.93	156.72
-10	2.58	1.02	14.2	94.09	156.6
0	3.48	1.08	10.4	100	156.13
10	4.40	1.17	7.52	106.5	154.59
20	5.72	1.30	5.29	114	151.10
30	0.72	1.63	3.00	125.9	140.95
40	0.73	2.16	2.16	133.5	133.50

　　前面已经讲过,液态的 CO_2 在压力降低时会蒸发膨胀,并吸收周围大量的热而凝固成干冰,此时的密度为 1.56 kg/L,固态 CO_2 的密度受压力影响甚微,受温度的影响也不是很大,固态 CO_2 密度与温度的关系见表2-2。液态 CO_2 的密度受压力变化影响甚微,受温度变化的影响较大,液态 CO_2 的密度与温度的关系见表2-3。

　　液态 CO_2 的体积膨胀系数较大,在 -5~35℃ 范围内,满量充装的 CO_2 气瓶,瓶内温度每升高 1℃,瓶内气体压力相应升高 314~834 kPa 不等,因此,超量充装的 CO_2 气瓶在瓶体温度升高时,容易造成爆炸。液态 CO_2 中可以溶解质量分数为 0.05% 左右的水,其余的水则呈自由状态沉于 CO_2 气瓶的底部。溶于液态 CO_2 中的水,将随着 CO_2 的蒸发而蒸发,混

表 2-2　固态 CO_2 密度与温度的关系

温度(℃)	-56.6	-60	-65	-70	-75	-80	-85	-90
密度(kg/m³)	1 512	1 522	1 535	1 546	1 557	1 556	1 575	1 582

表 2 - 3　液态 CO_2 密度与温度的关系

温度 （℃）	密度 （kg/m^3）	温度 （℃）	密度 （kg/m^3）	温度 （℃）	密度 （kg/m^3）	温度 （℃）	密度 （kg/m^3）
31.0	463.9	10.0	858	- 12.5	993.8	- 35.0	1 094.9
30.0	596.4	7.5	876	- 15.0	1 006.1	- 37.5	1 105.0
27.5	661.0	5.0	893.1	- 17.5	1 048.5	- 40.0	1 115.0
25.0	705.8	2.5	910.0	- 20.0	1 029.9	- 42.5	1 125.0
22.5	741.2	0.0	924.8	- 22.5	1 041.7	- 45.0	1 134.5
20.0	770.7	- 2.5	941.0	- 25.0	1 052.6	- 47.5	1 144.4
17.5	795.5	- 5.0	953.8	- 27.5	1 063.6	- 50.0	1 153.5
15.0	817.0	- 7.5	968.0	- 30.0	1 074.2	- 55.0	1 172.1
12.5	838.5	- 10.0	980.8	- 32.5	1 084.5	—	—

入 CO_2 气体中,降低 CO_2 气体的纯度。CO_2 气瓶内的压力越低,则 CO_2 气体中水蒸气含量越高,当气瓶内的压力低于 980 kPa 时,CO_2 气体中所含的水分比饱和压力下增加 3 倍左右,此时的 CO_2 气体已经不适宜继续进行 CO_2 气体保护焊焊接,否则,焊缝中容易出现气孔缺陷。

在常温下 CO_2 气体的化学性质是比较稳定的,既不会分解,也不与其他化学元素发生化学反应。但是在高温下 CO_2 气体却很容易分解成 CO 和 O_2,因此高温下的 CO_2 气体具有氧化性。CO_2 气体既可以进行专业的生产,也可以是某些产品的副产品,因此,来源很广,价格低廉。但是焊接用的 CO_2 气体纯度必须满足以下要求:$\varphi(CO_2) > 99.5\%$、$\varphi(O_2) < 0.1\%$、$H_2O(CO_2$ 气体湿度$) < 1 \sim 2 \ g/m^3$。

焊缝质量要求越高,作为焊接保护用的 CO_2 气体的纯度要求也越高,其纯度(体积分数)应不低于 99.8%,露点低于 - 40℃。

2. CO_2 气体纯度对焊缝质量的影响

CO_2 气体纯度对焊缝金属的致密性和塑性有很大的影响。CO_2 气体中的主要杂质是水分和氮气。氮气的含量一般比较少,危害也相对较小。水分的危害较大,随着 CO_2 气体中水分的增加,焊缝金属中扩散氢的含量也随之增加,焊缝金属的塑性也变差,容易出现气孔,还可能产生冷裂纹。焊接用 CO_2 气体必须符合表 2 - 4 中的有关规定。

表 2-4　焊接用 CO_2 气体的技术要求

项　　目	优 等 品	一 等 品	合 格 品
CO_2 含量(体积分数,%)≥	99.9	99.7	99.5
液 态 水	不得检出		
油			
水蒸气＋乙醇含量(质量分数,%)≤	0.005	0.02	0.05
气　　味	无异味		

3. CO_2 气体的实验方法

焊接使用的 CO_2 气体需要分别测定其液态水、油、水蒸气和乙醇含量及气味。生产上常用的 CO_2 气体实验方法有以下几种。

1) CO_2 气体纯度的检验

(1) 测定方法的原理。由于 CO_2 气体可被氢氧化钾吸收,所以,可以根据吸收前后气体容积的差值,直接在 CO_2 含量测定仪上读出其容量的体积分数(即体积百分浓度)。

(2) 试剂和溶液的配制。称取分析纯氢氧化钾 300 g,溶于适量的不含有 CO_2 的水中,稀释到 1 000 mL,获得质量浓度为 300 g/L 的氢氧化钾溶液。

(3) 实验仪器。CO_2 快速测定仪,如图 2-1 所示。吸收器的容积为 (100 ± 0.5) mL,其中 98～100 mL 处刻度为 0.1 mL,允许误差为 0.02 mL。

(4) 测定步骤。

① 先确认检查的仪器各个部分没有破损漏气处,才能开始取样进行分析。

② 将二通旋塞 2、4 都打开,旋塞 4 下端的玻璃管末端接在 CO_2 钢瓶减压阀输出的橡胶管上,用 CO_2 气体排净吸收器中的空气,确认吸收器中的空气已经被 CO_2 完全置换时,先关旋塞 2,再关闭旋塞 4。

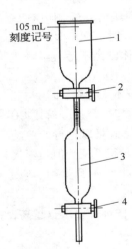

105 mL
刻度记号

图 2-1　CO_2
快速测定仪

1—漏斗(容积 120 mL,
105 mL 处有标记);
2、4—二通旋塞;
3—CO_2 吸收器

③ 取下快速测定仪,迅速开闭旋塞 2 数次,使仪器内 CO_2 气体的压力与大气压平衡,确保取样体积的一致性。

④ 取样结束后,在漏斗中加入 105 mL 配好的氢氧化钾溶液,然后缓慢地开启旋塞 2,当氢氧化钾溶液不再下降时,关闭旋塞 2,此时吸收器上液面刻度指示的就是 CO_2 的含量。

2)液态水的检验 在进行项目的检验之前,要先对液态水进行检验,其检验的方法如下:

(1)将样品气瓶倾斜倒置,瓶嘴向下,如图 2-2 所示。

(2)气瓶倒置 5 min 后,缓慢地打开瓶阀,这时候不应该有液态的水流出,只能有比较微弱的 CO_2 气体流出,如图 2-3 所示。

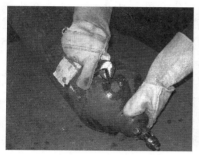

图 2-2 气瓶倾斜倒置

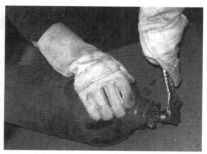

图 2-3 打开瓶阀

3)油的检验 油的检验可以采用石灰窑法和合成氨法进行,具体的步骤如下:

(1)将干燥没有油脂污染的粗织棉布袋套在倒置的样品钢瓶瓶阀的出口接管上并扎紧,如图 2-4 所示。

(2)缓慢地开启瓶阀,让适量的 CO_2 迅速流入布袋中。

(3)从布袋中取出约 10 g 固态的 CO_2,置于实验室用的定量

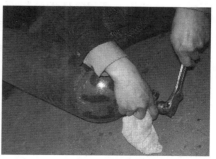

图 2-4 棉布袋套
在钢瓶瓶阀出口接管上

的滤纸上。等待固态的 CO_2 完全蒸发后,滤纸上没有油迹的为合格。

4. CO₂ 气体的除水措施

当通过检验发现所使用的 CO₂ 气体含水量较高时,为了保证焊接质量,必须在焊接的现场采取以下措施,有效降低 CO₂ 气体中水分的含量。

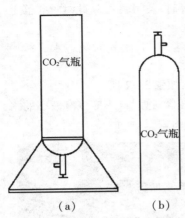

（a）　　　　（b）

图 2-5　CO₂ 气瓶放水示意图

（a）放水时；（b）放水后

（1）将新灌装的气瓶倒置 1~2 h 后,打开阀瓶,可排出沉积在下面的处于自由状态的水。根据瓶中含水量的不同,每间隔 30 min 左右放一次,一般需要放水 2~3 次。放水结束后,再将 CO₂ 气瓶垂直地面放置,瓶底触地。气瓶倒立放水时,要放正、固定牢固,防止倒落发生意外伤害事故。确认含水量明显减少后才能将气瓶放正,再开始进行焊接。CO₂ 气瓶放水示意图如图 2-5 所示。

（2）更换新气时,先放气 2~3 min,以排除装瓶时混入的空气和水分。

（3）必要时可在气路中设置高压干燥器和低压干燥器。用硅胶或脱水硫酸铜作干燥剂。用过的干燥剂经烘干后可反复使用。

（4）当气瓶中压力降到 1 MPa 时,停止用气。当气瓶中液态 CO₂ 用完后,气体的压力将随气体的消耗而下降。当气瓶压力降至 1 MPa 以下时,CO₂ 中所含的水分将增加 1 倍以上,如果继续使用,焊缝中将产生气孔。焊接对水比较敏感的金属时,当瓶中气压降至 1.5 MPa 时就不宜再使用了。

5. 焊接电弧区中的 CO₂ 气体

CO₂ 气体保护焊过程中,CO₂ 是保护气体,保护焊接区域不与空气接触,从而获得质量良好的焊缝。但是,CO₂ 气体在高温时要分解成 CO 和 O₂,这是吸热反应,CO₂ 气体的分解过程对焊接电弧产生强烈的冷却作用,引起电弧弧柱与弧根发生收缩,使焊接电弧对焊丝熔滴产生排斥作用,决定了焊丝熔滴过渡的特点。

在高温焊接电弧区域,CO₂ 气体分解后,常常是三种气体（CO₂、CO、O₂）同时存在。焊接电弧区温度越高,CO₂ 气体的分解也就越剧烈。

CO_2气体分解与温度的关系如图2-6所示。

当焊接电弧区温度为1 800 K时,焊接电弧内保护气体全部是CO_2气体,保护气体具有氧化性。

当焊接电弧区温度为1 800 ~2 600 K时,焊接电弧内保护气体80%(体积分数)是CO_2气体,20%(体积分数)是CO和O_2,气体的氧化性随着温度的升高而加大,CO_2气体的分解量也随之增大。

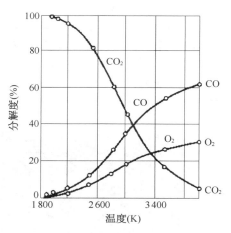

图2-6 CO_2气体分解度与温度的关系

当焊接电弧区温度为3 000 K时,CO_2气体、CO和O_2的比例为:43%(体积分数)的CO_2气体、38%(体积分数)的CO和19%(体积分数)的O_2,此时CO_2气体的分解量更大,气体的氧化性也更强。

当焊接电弧区温度为4 000 K时,CO_2气体、CO和O_2同时存在,其比例为:5%(体积分数)的CO_2气体、65%(体积分数)的CO和30%(体积分数)的O_2,此时CO_2气体的分解量最大,保护气体的氧化性最强。在CO_2气体保护焊过程中,CO既不溶解于金属,也不与焊缝金属发生化学反应。然而,高温下的CO_2气体和O_2却能使Fe和其他合金元素(Mn、Si、C等)氧化、烧损。

二、其他气体

1. 氩气

氩气是无色、无味、无臭的惰性气体,比空气重,密度为1.784 kg/m³(空气的密度为1.29 kg/m³)。瓶装氩气最高充气压力在20℃时为(15±0.5)MPa,返还生产厂充气时瓶内余压不得低于0.2 MPa。混合气体保护焊时需用氩气,主要用于焊接含合金元素较多的低合金钢。为了确保焊缝的质量,焊接低碳钢时也采用含氩气的混合气体保护焊。焊接用氩气应符合焊接要求和质量的规定,其中纯氩的品质要求要符合表2-5的规定,氩气瓶及其减压器外形如图2-7所示。

表 2-5　纯氩的品质要求

项　　目	指标	项　　目	指标
氩纯度(体积分数, $\times 10^{-2}$) ≥	99.99	氮含量(体积分数, $\times 10^{-6}$) ≤	50
氢含量(体积分数, $\times 10^{-6}$) ≤	5	总含碳量(以甲烷计)(质量分数, $\times 10^{-6}$) ≤	10
氧含量(体积分数, $\times 10^{-6}$) ≤	10	水分含量(质量分数, $\times 10^{-6}$) ≤	15

图 2-7　氩气瓶及其减压器

2. 氧气

氧气是自然界的重要元素,在空气中按体积算,其体积分数约占 21%,在常温下它是一种无色、无味、无臭的气体,分子式为 O_2。在 0℃ 和 0.1 MPa 气压的标准状态下密度为 1.43 kg/m³,比空气重。在 -182.96℃ 时变成浅蓝色液体(液态氧),在 -219℃ 时变成淡蓝色固体(固态氧)。氧气本身不能燃烧,但它是一种活泼的助燃气体。氧的化学性质极为活泼,能同很多元素化合生成氧化物,焊接过程中使合金元素氧化,是焊接过程中的有害元素。工业用氧气分为两级:一级氧纯度(体积分数)不低于 99.2%;二级氧纯度(体积分数)不低于 98.5%。氧气纯度对气焊、气割的效率和质量有一定的影响。一般情况下,使用二级纯度的氧气就能满足气焊和气割的要求。当切割质量要求较高时,应采用一级纯度的氧气。混合气体保护焊接时也要采用一级纯度的氧气。

一般情况下,瓶装氧气的容积为 40 L,工作压力为 15 MPa,瓶体为天蓝色,用黑色油漆标明"氧气"字样,钢瓶应放在离火源较远的位置及高温区辐射不到的地方,一般为 10 m 以外,不能暴晒,严禁与油脂类物品接触。氧气瓶及其减压器的外形如图 2-8 所示,结构如图 2-9 所示。

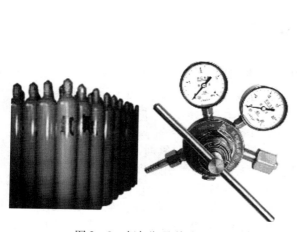

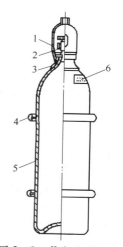

图 2-8　氧气瓶及其减压器

图 2-9　氧气瓶结构图

1—瓶帽；2—瓶阀；
3—瓶箍；4—防震圈；
5—瓶体；6—标志

3. 混合气体

在许多先进的领域进行混合气体保护焊接时,多使用预先混合好的瓶装混合气体,现代工业也有不少地方生产瓶装的混合气体,有些焊接工作量大的工厂还自己用液氩或瓶装氩气与 CO_2 气体配制混合气体,通过管道输送到工作场所进行焊接,焊接用混合保护气体见表 2-6。

表 2-6　焊接用混合保护气体

背景气体(主组分气)	混入气(次组分气)	混合范围(体积分数,%)	允许气压(MPa)(35℃)	背景气体(主组分气)	混入气(次组分气)	混合范围(体积分数,%)	允许气压(MPa)(35℃)
Ar	O_2	1~12	9.8	Ar	CO_2	5~13	9.8
	H_2	1~15			O_2	3~6	
	N_2	0.2~1		CO_2	O_2	1~20	
	CO_2	18~22			O_2	3~4	
	He	50		Ar	N_2	(900~1 000)×10^{-4}	
He	Ar	25					

第二节　焊　　丝

CO_2 气体是一种氧化性气体,在电弧高温区分解为 CO 和 O_2。电弧气体具有强烈的氧化作用,使合金元素烧损,容易产生气孔及飞溅。为了防止气孔、减少飞溅和保证焊缝具有一定的力学性能,要求焊丝中含有足够的合金元素来脱氧。若采用碳脱氧,容易产生飞溅和气孔,故必须限制焊丝中的含碳量在 0.1% 以下;若仅用硅作脱氧剂,脱氧产物为高熔点的氧化硅(SiO_2),不容易从熔池中浮出,容易引起夹渣;若仅用锰作脱氧剂,脱氧产物为氧化锰(MnO),不容易从熔池中浮出,也容易引起夹渣;若采用硅和锰联合脱氧,并保持适当的比例,脱氧的产物就为硅酸锰盐,它的密度小,容易从熔池中浮出,不会产生夹渣。因此 CO_2 气体保护焊用的焊丝,必须控制含碳量并含有较高含量的硅和锰。

一、焊丝的分类

CO_2 气体保护焊焊丝的分类方法很多,按制造方法的不同可分为实芯焊丝和药芯焊丝,药芯焊丝又分为自保护药芯焊丝和气保护药芯焊丝。按被焊材料的不同可分为碳钢焊丝、低合金钢焊丝、不锈钢焊丝、有色金属焊丝等。CO_2 气体保护焊焊丝的制造质量,应从焊丝内在质量和外部质量两方面满足焊接的要求。

1. 焊丝内在质量

(1) CO_2 气体保护焊过程中,碳容易被氧化生成 CO 气体,是造成焊缝出现 CO 气孔和产生焊接飞溅的重要原因,所以焊丝中碳的含量不宜太高。

(2) 焊丝中 Si、Mn 等脱氧元素含量要适当,焊丝中的 Si、Mn 含量应有一个适当的配合比例,通常 Mn 和 Si 的配合比在 2.0 ~ 4.5 之间为宜。为了增强抗 N_2 气孔的能力,焊丝中还要加入适当的 Ti、Al 等合金元素,这样不仅能进一步提高焊缝脱氧的能力,而且还有利于提高焊缝抗 N_2 气孔的能力。此外,合金元素 Ti 还可以起到细化焊缝金属晶粒的作用。

(3) 为确保不同的母材焊接接头的强度要求,焊接不同母材所用的焊丝中合金元素含量要适当。

2. 焊丝外部质量

（1）焊丝表面通常是镀铜的,镀铜的主要作用是:

① 防止焊丝在运输、储存过程中生锈。

② 改善了焊接过程的导电性。

③ 改善了焊接过程中的送丝阻力。焊丝的镀铜层要牢固,否则,焊接过程中,镀铜层在焊丝送丝软管中脱落,堵塞软管,增加送丝阻力,严重时会造成焊接过程中送丝速度不稳定,影响焊缝质量。焊丝的镀铜层不要太厚,过厚的镀铜层熔化后,会增加焊缝金属元素的含量,从而降低焊缝金属的力学性能。

（2）焊丝表面要清洁,无油、污、锈、垢等,焊丝表面要求光滑平整,不应有毛刺、划痕和氧化皮。

（3）焊丝应具有一定的挺度,特别是用细焊丝进行 CO_2 气体保护焊时,过软的焊丝在送丝阻力稍大时会造成送丝不稳定,影响焊接质量。

（4）焊丝应缠绕规整,成盘包装,以便在焊接的时候使用。同时,焊丝在缠绕过程中不允许有硬折弯或打结的情况出现,否则会影响焊接过程中焊丝的等速送进,降低焊缝质量。

二、焊丝的型号与牌号

1. 焊丝的型号

根据《气体保护电弧焊用碳钢、低合金钢焊丝》（GB/T 8110—2008）规定,焊丝的型号是按照化学成分和采用熔化极气体保护电弧焊时熔敷金属的力学性能分类的,其型号的表示方法如图 2-10 所示,焊丝型号的举例如图 2-11 所示。

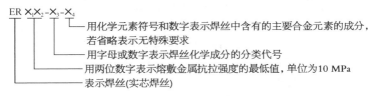

图 2-10 焊丝型号的表示方法

2. 焊丝的牌号

焊丝的牌号是对焊丝产品的具体命名,可以由生产厂家制定,也可以由行业组织统一命名,制定全国焊材行业统一牌号。每种焊丝只有一个

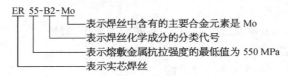

图 2 - 11　焊丝型号举例

牌号,但多种牌号的焊丝可以同时对应于一种型号。每一牌号的焊丝必须按国家标准要求,在产品包装或产品样本上注明该产品是"符合国标"、"相当国标"或不加标注(即与国标不符),以便用户结合焊接产品的技术要求,对照标准予以选用。除气体保护焊用碳钢及低合金钢焊丝外,根据相关的规定,实芯焊丝的牌号都是以字母"H"开头的,后面以元素符号及数字表示该元素的近似含量。焊丝牌号具体的编制方法如图 2 - 12 所示,焊丝牌号的举例如图 2 - 13 所示。

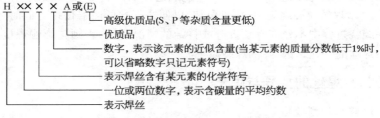

图 2 - 12　焊丝牌号具体编制方法

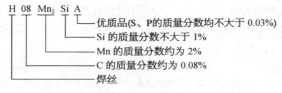

图 2 - 13　焊丝牌号举例

三、实芯焊丝

对于 CO_2 气体保护焊实芯焊丝的技术要求比对焊条的要求要多,一般分为常规项目和特殊要求。

1. 常规项目

对熔敷金属的化学成分、力学性能、焊缝射线探伤等项目有要求。

2. 特殊要求

为了保证焊接过程能够连续稳定完成,对影响送丝的有关因素也有规定。这些因素是:

1)对焊丝表面的质量要求　焊丝表面必须光滑平整,不应有毛刺、划痕、锈蚀和氧化皮,也不应有其他对焊接性能和焊接设备操作有不良影响的杂质。

2)焊丝直径的偏差　焊丝直径的允许偏差必须符合表2-7的要求。若焊丝直径太大,不仅会增加送丝阻力,而且会增大焊丝嘴的磨损;若焊丝直径太小,不仅会使焊接电流不稳定,而且会增大焊丝端部的摆动,影响焊缝的美观。

表2-7　实芯焊丝直径的允许偏差　　　　　　　　（mm）

焊丝直径	允许偏差	焊丝直径	允许偏差	焊丝直径	允许偏差
0.5,0.6	+0.01 -0.03	0.8,1.0,1.2,1.4, 1.6,2.0,2.5	+0.01 -0.04	3.0,3.2	+0.01 -0.07

3)镀铜层的质量　焊丝表面的镀铜层必须均匀牢固。焊丝镀铜层太薄或不牢固,对焊接质量有很大的影响。如果镀铜层不牢固,送焊丝时,焊丝表面和送丝(弹簧钢丝)软管摩擦,镀铜层会被刮下来并堆积在送丝软管里面,不仅增加了送丝阻力,而且使焊接过程中电弧不稳定,影响焊缝的成形;严重时,被刮下来的镀铜粉末落入熔池还会改变焊缝的化学成分。此外,若镀铜层太薄或不牢固,在存放过程中焊丝表面容易生锈,也会影响焊接质量。

4)焊丝挺度和抗拉强度　焊丝的挺度和抗拉强度必须保证能均匀、连续地送丝。实芯焊丝的抗拉强度应符合表2-8的规定。

表2-8　实芯焊丝的抗拉强度

焊丝直径 （mm）	焊丝抗拉强度 （MPa）	焊丝直径 （mm）	焊丝抗拉强度 （MPa）	焊丝直径 （mm）	焊丝抗拉强度 （MPa）
0.8,1.0,1.2	≥930	1.4,1.6,2.0	≥860	2.5,3.0,3.2	≥550

5)松弛直径和翘距　从焊丝盘(卷)上截取足够长度的焊丝,不受拘束地放在平面上,所形成的圆和圆弧的直径称为焊丝的松弛直径。焊丝翘起的最高点和平面之间的距离称为翘距。可用焊丝的松弛直径和翘

距定性地判断焊丝的弹性和刚度,松弛直径和翘距大的焊丝刚度好,送丝比较稳定;松弛直径和翘距小的焊丝刚度差,送丝时容易卡丝。实芯焊丝的松弛直径和翘距的关系必须符合表2-9的规定。

表2-9 实芯焊丝的松弛直径和翘距 (mm)

焊丝直径	焊丝盘(卷)外径	松弛直径	翘距
0.5~3.2	100	≥100	$\leqslant \dfrac{松弛直径}{5}$
	200	≥250	$\leqslant \dfrac{松弛直径}{10}$
	300	≥350	
	≥350	≥400	

四、药芯焊丝

1. 药芯焊丝的型号

1)碳钢药芯焊丝的型号 《碳钢药芯焊丝》(GB/T 10045—2001)规定,碳钢药芯焊丝型号是根据其熔敷金属力学性能、焊接位置及焊丝类别特点和药芯类型、是否采用外部保护气体、焊接电流种类以及对单道焊和多道焊的适用性能进行分类的。焊丝型号由焊丝类型代码和焊缝金属的力学性能标注两部分组成。碳钢药芯焊丝型号的编制方法如图2-14所示,碳钢药芯焊丝型号的举例如图2-15所示。

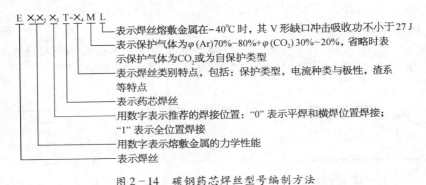

图2-14 碳钢药芯焊丝型号编制方法

2)低合金钢药芯焊丝的型号 《低合金钢药芯焊丝》(GB/T 17493—2008)规定,低合金钢药芯焊丝的型号是根据其熔敷金属力学性

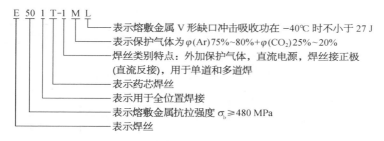

图 2-15 碳钢药芯焊丝型号举例

质、焊接位置、焊丝类别特点及熔敷金属化学成分进行划分的。低合金钢药芯焊丝的型号编制方法如图 2-16 所示,低合金钢药芯焊丝的举例如图 2-17 所示。

3)不锈钢药芯焊丝的型号 《不锈钢药芯焊丝》(GB/T 17853—1999)规定,不锈钢药芯焊丝的型号是根据其熔敷金属的化学成分、焊接

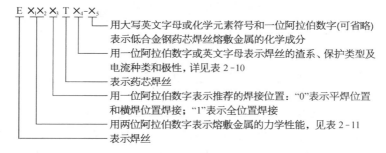

图 2-16 低合金钢药芯焊丝型号编制方法

表 2-10 低合金钢药芯焊丝类别特点的符号说明

型 号	焊丝渣系特点	保护类型	电流类型
E×$_1$×$_2$×$_3$T1-×$_5$	渣系以金刚石为主体,熔滴成喷射或细滴过渡	气保护	直流、焊丝接正极
E×$_1$×$_2$×$_3$T4-×$_5$	渣系具有强脱硫作用,熔滴成粗滴过渡	自保护	直流、焊丝接正极
E×$_1$×$_2$×$_3$T5-×$_5$	氧化钙-氧化氟碱性渣系熔滴成粗滴过渡	气保护	直流、焊丝接正极
E×$_1$×$_2$×$_3$T8-×$_5$	渣系具有强脱硫作用	自保护	直流、焊丝接负极
E×$_1$×$_2$×$_3$T×-G	渣系、电弧特性、焊缝成形及极性不作规定		

表 2-11 低合金钢药芯焊丝熔敷金属力学性能

型 号	抗拉强度 σ_b (MPa)	屈服强度 $\sigma_{0.2}$ (MPa)	伸长率 δ_5 (%)
E43 $\times_3$ T $\times_4$ - $\times_5$	410~550	340	22
E50 $\times_3$ T $\times_4$ - $\times_5$	490~620	400	20
E55 $\times_3$ T $\times_4$ - $\times_5$	550~690	470	19
E60 $\times_3$ T $\times_4$ - $\times_5$	620~760	540	17
E70 $\times_3$ T $\times_4$ - $\times_5$	690~830	610	16
E75 $\times_3$ T $\times_4$ - $\times_5$	760~900	680	15
E85 $\times_3$ T $\times_4$ - $\times_5$	830~970	750	14
E $\times_1$ $\times_2$ $\times_3$ T $\times_4$ - G	由供需双方协商		

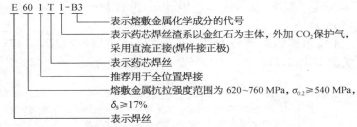

图 2-17 低合金钢药芯焊丝举例

位置、保护气体及焊接电流种类来划分的。不锈钢药芯焊丝型号的编制
方法如图 2-18 所示,不锈钢药芯焊丝型号举例如图 2-19 所示。

2. 药芯焊丝的牌号

药芯焊丝牌号是由生产的厂家自行编制的,但是随着药芯焊丝的广
泛应用,为了方便用户的选用,我国在药芯焊丝的牌号上作了统一的规

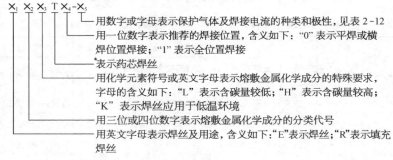

图 2-18 不锈钢药芯焊丝型号编制方法

表2-12 不锈钢药芯焊丝保护气体、电流类型及焊接方法

型 号	保护气体(体积分数,%)	电流类型	焊接方法
$E×_1×_2×_3T×_4-1$	CO_2		
$E×_1×_2×_3T×_4-3$	无(自保护)	直流反接	FCAW
$E×_1×_2×_3T×_4-4$	$Ar(75\sim80)+CO_2(25\sim20)$		
$R×_1×_2×_3T1-5$	$Ar(100)$	直流正接	GTAW
$E×_1×_2×_3T×_4-G$	不规定	不规定	FCAW
$R×_1×_2×_3T1-G$			GTAW

注:FCAW为药芯焊丝电弧焊,GTAW为钨极惰性气体保护焊。

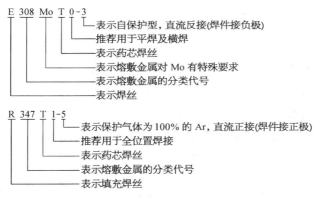

图2-19 不锈钢药芯焊丝型号举例

定。当前焊丝的市场发展迅速,各生产厂家为了区分与其他厂家的不同,通常在国家制定的统一牌号前面冠以企业名称代号。国家制定的统一牌号编制方法如图2-20所示,药芯焊丝牌号举例如图2-21所示。

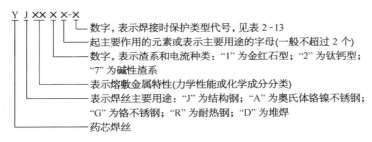

图2-20 统一牌号编制方法

表 2－13　保护类型代号

牌　号	保护类型	牌　号	保护类型
YJ×××－1	气保护	YJ×××－3	气保护与自保护两用
YJ×××－2	自保护	YJ×××－4	其他保护形式

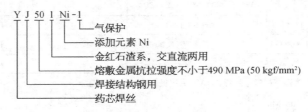

图 2－21　药芯焊丝牌号举例

五、焊丝的选用

选用 CO_2 气体保护焊焊丝时,必须根据焊件母材的化学成分、焊接方法、焊接接头的力学性能、焊接结构的约束度、焊件焊后能否进行热处理及焊缝金属的耐高温、耐低温、耐腐蚀等使用条件进行综合考虑,然后经过焊接工艺的评定,符合焊接结构的技术要求后予以确定。

1. 碳钢和低合金钢焊丝的选用

1）碳钢和低合金钢实芯焊丝的选用　采用 CO_2 气体保护焊焊接热轧钢、正火钢以及焊态下使用的低碳调质钢时,首先考虑的是焊缝金属力学性能与焊缝母材相接近或相等,焊缝金属的化学成分与焊缝母材化学成分是否相同则放在次要考虑。焊接拘束度大的焊接结构时,为防止产生焊接裂纹,可采用低匹配原则,即选用焊缝金属的强度稍低于焊件母材的强度。按等强度要求选用焊丝时,应充分考虑焊件的板厚、接头形式、坡口形状、焊缝的分布及焊接热输入等因素对焊缝金属力学性能的影响。

焊接中碳调质钢前选择焊丝时,在严格控制焊缝金属中 S、P 等杂质含量的同时,还应该确保焊缝金属主要合金成分与母材合金成分相近,以保证焊后调质时,焊缝金属的力学性能与母材一致。焊接两种强度等级不同的母材时,应该根据强度等级低的母材选择焊丝,焊缝的塑性不应低于较低塑性的母材。焊接参数的制定应适合焊接性较差的母材。

2）碳钢和低合金钢药芯焊丝的选用　碱性药芯焊丝焊接的焊缝金

属的塑性、韧性和抗裂性好,碱性熔渣相对流动性较好,便于焊接熔池、熔渣之间的气体逸出,减小焊缝生成气孔的倾向。碱性熔渣中的氟化物(CaF_2 等)还可以阻止氧溶解到焊接熔池中,使焊缝中扩散氢含量很低,所以,碱性药芯焊丝对表面涂有防锈剂的钢板具有较强的抗气孔和抗凹坑能力,对涂有氧化铁型和硫化物型涂料底漆的钢板也有较好的焊接效果。碱性药芯焊丝的不足之处是:焊道成凸形、飞溅较大;焊接过程中,焊丝熔滴呈粗颗粒过渡;焊接熔渣的流动性太大,不容易实现全位置的焊接;焊接过程中,很容易造成未熔合等缺陷。所以,近年来碱性药芯焊丝正在逐步被钛型药芯焊丝取代。

钛型药芯焊丝又称为金红石型焊丝,这种焊丝属于酸性渣系,熔渣流动性好,凝固温度范围很小,适用于全位置焊接。焊接过程中的电弧稳定,焊丝熔滴成喷射过渡,大大提高了药芯焊丝的力学性能,特别是焊缝金属的低温韧性。钛型药芯焊丝在药芯焊丝中占主导地位。

2. 耐热钢焊丝的选用

含有一定量的 Cr、Mo 元素的低合金耐热钢,多用于制造锅炉、石油工业炼油设备、合成化学工业设备以及高温高压抗氢材料等。在使用过程中,要求钢材和焊接接头在高温和压力作用下,具有化学稳定性和足够的抗蠕变性能以及持久强度。选择 Cr - Mo 耐热钢焊接用的焊丝,首先要保证焊缝的化学成分和力学性能应与母材尽量一致,使焊缝在工作温度下具有一定的高温强度、良好的抗氧化性和抵抗气体介质腐蚀能力。其次,在考虑焊丝焊接性的同时,应避免选用杂质含量较高或强度过高的焊丝。Cr - Mo 耐热钢焊丝中碳的质量分数应控制在 0.07% ~ 0.12% 之间,含碳量过低会降低 Cr - Mo 耐热钢焊缝的高温强度,含碳量过高又容易出现焊缝结晶裂纹。近年来,为了降低焊前预热温度,甚至不预热,提高 Cr - Mo 耐热钢焊缝的抗裂性能,焊丝多选用 $w(C) \leqslant 0.04\%$ 的超低碳 Cr - Mo 耐热钢焊丝。

焊接大刚度、焊后不能热处理的 Cr - Mo 耐热钢结构件以及焊接缺陷的补焊和焊接性较差的耐热钢(如 12Cr5Mo)时,应该选用塑性好、强度低、溶氢量大的 Cr - Ni 奥氏体型焊丝进行不预热焊接,以达到提高焊接接头韧性、降低焊接应力、防止产生焊接裂纹的目的。在循环加热和冷却条件下工作的 Cr - Mo 耐热钢焊接结构,不适宜使用 Ni 型焊丝焊接,因为 Cr - Ni 型焊丝与 Cr - Mo 耐热钢热膨胀系数相差很大,在使用过程中由于热应力的作用会引起焊接结构开裂。

3. 低温钢焊丝的选用

低温钢是制造低温下(−25～−253℃)工作的焊接结构的专用钢材。在使用过程中,应确保在低温工作的条件下,具有足够的强度、塑性、韧性和良好的焊接性,回火脆性和应变时效脆性的敏感性要小,在低于最低工作温度时,钢材和焊接接头区具有足够的抗断裂能力,从而达到在低温下安全使用的目的。焊接低温钢用的焊丝,无论是实芯焊丝还是药芯焊丝,大都采用与被焊母材含 Ni 量相当的镍合金化的低合金钢焊丝,焊丝中的 C、S、P 等杂质含量越低越好。如果在焊丝中添加微量的 Ti 和 B 元素,可以起到细化焊缝晶粒作用,从而提高焊缝的韧性。

低温钢药芯焊丝按照渣系分类有钛型渣系、碱性渣系和金属粉型渣系。钛型低温钢药芯焊丝具有良好的全位置焊接操作性,而且焊道美观,但扩散氧含量偏高,焊缝金属韧性及抗裂性不如碱性渣系的药芯焊丝。碱性渣系低温钢药芯焊丝,虽然低温韧性和抗裂性较钛型低温钢药芯焊丝好,但焊接工艺性较差。近年来,在钛型药芯焊丝的焊粉中加入强氧化元素和去氢组元,提高焊缝熔池的脱氧和去氢效果,使该焊丝既具有钛型药芯焊丝焊接工艺好的优点,又具有碱性药芯焊丝抗裂性能高的特点,该钛型低温钢药芯焊丝,能控制焊缝金属中氧的质量分数在 0.06% 左右,扩散氧含量在 5 mL/100 g 以下。

4. 耐候钢焊丝的选用

耐候钢具有一定的耐大气腐蚀及海水腐蚀的性能,由于钢中含有少量的 Cu、P、Cr、Ni 等元素,其耐大气腐蚀的能力比普通碳钢高 1/3 以上。耐候钢焊接用焊丝,按其熔敷金属合金系统,可以分为 Cu−Cr 系、Cu−Cr−Ni 系和 Cu−Ni 系,焊缝金属抗拉强度分为 490 MPa 和 590 MPa 两种。选用焊丝时,焊丝的化学成分应与被焊耐候钢合金系统一致,由于 P 在焊缝中容易引起裂纹和脆化,所以,不选用在焊丝中添加 P 来提高耐候钢焊缝耐大气腐蚀的能力。

六、焊丝的储存与保管

1. 焊丝的储存

(1) 在仓库中储存未打开包装的焊丝,库房的保管条件为:室温 10～15℃以上(最高为 40℃),最大相对湿度为 60%。

（2）存放焊丝的库房应该保持空气流通，没有有害气体或腐蚀性介质（如 SO_2 等）。

（3）焊丝应放在货架上或垫板上，存放焊丝的货架或垫板距离墙或地面的距离应不小于 250 mm，防止焊丝受潮。

（4）进库的焊丝，每批都应有生产厂家的质量保证书和产品质量检验合格证书。焊丝的内包装上应有标签或其他方法标明焊丝的型号、国家标准号、生产批号、检验员号、焊丝的规格、净质量、制造厂名称及地址、生产日期等。

（5）焊丝在库房内应按类别、规格分别堆放，防止混用、误用。

（6）尽量减少焊丝在仓库内的存放期限，按"先进先出"的原则发放焊丝。

（7）发现包装破损或焊丝有锈迹时，要及时通报有关部门，经研究、确认之后再决定是否用于产品上的焊接。

2. 焊丝在使用中的保管

（1）打开包装的焊丝，要防止油、污、锈、垢的污染，保持焊丝表面洁净、干燥，并且在 2 天内用完。

（2）焊丝当天没用完，需要在送丝机内过夜时，要用防雨雪的塑料布等将送丝机（或焊丝盘）罩住，以减少与空气中潮湿气体接触。

（3）焊丝盘内剩余的焊丝若有两天以上的时间不用时，应该从焊机的送丝机内取出，放回原包装内，并将包装的封口密封，然后再放入有良好保管条件的焊丝仓库内。

（4）对于受潮较严重的焊丝，焊前应烘干，烘干温度为 120～150℃，保温时间为 1～2 h。

第三章 二氧化碳气体保护焊设备

CO_2 气体保护焊设备主要有两大类：一类是自动 CO_2 气体保护焊设备，另一类是半自动 CO_2 气体保护焊设备。自动 CO_2 气体保护焊设备常用粗焊丝，一般采用直径不小于 1.6 mm 的焊丝进行焊接，半自动 CO_2 气体保护焊设备主要用细焊丝，一般采用直径不大于 1.2 mm 的焊丝进行焊接。由于采用细丝 CO_2 气体保护焊的焊接工艺已经十分成熟，因此在生产中得到了大量广泛的运用。所以，本章只介绍细丝 CO_2 气体保护焊的设备，也就是半自动 CO_2 气体保护焊设备。

第一节 二氧化碳气体保护焊对设备的要求

CO_2 气体保护焊对设备的主要要求包括综合工艺性能、良好的使用性能和提高焊接过程稳定性的途径。

一、综合工艺性能

焊接过程中要想焊出达到焊接要求的 CO_2 气体保护焊接头，必须要有综合性能强的焊接设备作为基础，焊接综合性能好的焊接设备是保证焊接接头质量的前提条件。这就需要焊接设备在焊接过程中能始终保持焊接引弧的容易性，而且电弧的自动调节能力好，也就是在弧长发生变化时，焊接电流也要随之发生相应的变化，即弧长变长时，焊接电流的变化要尽量的小；焊丝的长度伸长变化时，产生的静态电压误差值要小，并且焊接时焊接参数的调节要方便灵活，准确度高，能够满足多种直径焊丝焊接的需求。

二、良好的使用性能

CO_2 气体保护焊还要求焊机必须要有良好的使用性能,即在焊接过程当中,焊枪要轻巧灵活,操作方便自如;送丝机构的质量要轻便小巧,方便焊接过程中的整体移动;提供保护气体的系统要顺畅,气体保护状况稳定良好;另外还要求焊机在发生故障维修时要方便简单,故障发生率越低越好;除此以外,焊机的安全防护措施也是很关键的因素,要确保焊机有良好的安全性能的保障。

三、提高焊接过程稳定性的途径

为了有效提高焊接过程中的稳定性,送丝机构必须在设计上更趋合理化,在整个焊接过程中要确保焊丝匀速稳定地送丝;焊机的外特性也要进行仔细的选择,尽量达到合理的标准,弧压反馈送丝焊机采用下降外特性的电源,等速送丝焊机选用平或缓降外特性电源。

因此,在进行 CO_2 气体保护焊时对设备要求的选择是很重要的步骤。

第二节 二氧化碳气体保护焊设备

半自动 CO_2 气体保护焊设备的主要组成部分由焊接电源、供气系统、送丝系统、焊枪和控制系统等五部分构成,半自动 CO_2 气体保护焊设备的连接如图 3-1 所示。

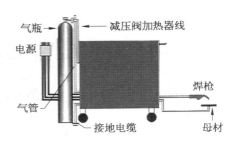

图 3-1 半自动 CO_2 气体保护焊设备

半自动 CO_2 气体保护焊设备的焊接电源由一个平特性的三相晶闸管整流器及控制线路组成。面板上装有指示灯、仪表及调节旋钮等，如图 3-2 所示。

图 3-2　焊接电源控制面板

半自动 CO_2 气体保护焊设备的供气系统由气瓶、减压流量调节器(又称减压阀)及管道组成，有时为了除水，气路中还需串联高压和低压干燥器，如图 3-3 所示。

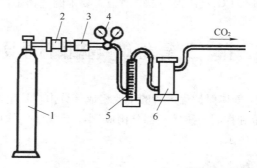

图 3-3　供气系统

1—气瓶；2—预热器；3—高压干燥器；4—减压表；
5—流量计；6—低压干燥器

半自动 CO_2 气体保护焊设备的送丝机构是送丝的动力机构，它包括机架、送丝电动机、焊丝校直轮、加压滚轮和送丝轮等，还有装卡焊丝盘、电缆及焊枪的辅助机构，送丝系统如图 3-4 所示。要求送丝机构能匀速平稳地输送焊丝。

半自动 CO_2 气体保护焊设备的焊枪是用来传导电流、输送焊丝和保护气体的手持操作工具，焊枪实物如图 3-5 所示。

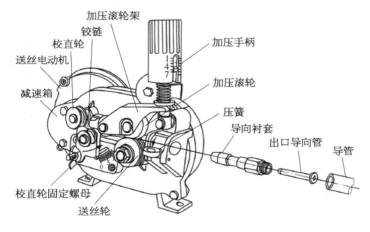

图 3-4　送丝系统

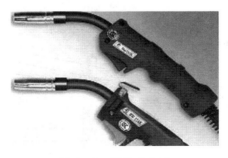

图 3-5　焊枪实物图

一、焊接电源

1. 对焊接电源的要求

CO_2 气体保护焊对焊接电源的要求主要包括具有平的或缓降的外特性曲线、合适的空载电压、良好的动特性和合适的调节范围。

1）平的或缓降的外特性曲线 电源输出电压和输出电流的关系称为电源的外特性,也就是当输出电流增加时,输出电压不变或缓慢降低的电源外特性称为平特性或缓降特性。因为 CO_2 气体保护焊使用的焊丝直径小,通常小于 1.6 mm,焊接电流大、电流密度比焊条电弧焊高 10 倍以上,电弧的静特性处于上升段,如图 3-6 所示,所以要采用平特性或缓降外特性的焊接电源,如图 3-7 所示。采用平特性电源,由于短路电流大,容易引弧,所以不易粘丝;电弧拉长后,电流迅速减小,不容易烧坏焊丝嘴,且弧长变化时会引起较大的电流变化,电弧的自调节作用强,焊接参数稳定,焊接质量好。电源外特性越接近水平线,电弧的自调节作用就越

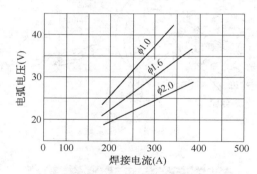

图 3-6 CO_2 电弧的静特性

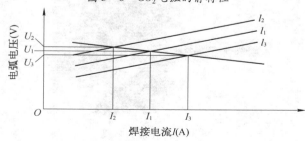

图 3-7 弧长变化时焊接电流的变化

强,焊接参数越稳定,焊接质量也就越好。

如果设电弧稳定燃烧时弧长为 l_1,焊接电流为 I_1,电弧电压为 U_1。当某种原因使电弧变长至 l_2 时,焊接电流迅速减小为 I_2,焊丝熔化减慢,电弧长度变短,焊接电流增加,很快就恢复到 l_1。反之,若电弧变短至 l_3,则焊接电流迅速增加到 I_3,焊丝熔化加快,弧长增加,迫使焊接电流减小,很快恢复到 l_1。

2）合适的空载电压　气体保护焊机的空载电压为 38~70 V。

3）良好的动特性　焊接过程中焊丝和焊件间会发生频繁的短路与重新引弧,如果焊机的输出电压和电流不能迅速地适应这种变化,电弧就不可能稳定的燃烧,甚至会熄灭,使焊接中断,焊机适应焊接电弧变化的这种特征称为电源的动特性。动特性良好的焊机,引弧容易,焊接过程稳定可靠,飞溅小,焊接时会有电弧平静、柔软、弹性的感觉。

4）合适的调节范围　能根据需要方便地调节焊接参数,满足不同焊接条件下生产的需要。

2. CO_2 气体保护焊电源的种类

根据焊接参数调节方法的不同,焊接电源可分为如下两类:

1）一元化调节电源　这种电源只需用一个旋钮调节焊接电流,控制系统自动使电弧电压保持在最佳状态,如果焊工对所焊焊缝成形

图 3-8　一元化调节焊机

图 3-9　多元化调节焊机

不满意,可适当修正电弧电压,以保持最佳匹配,图 3-8 所示就是一元化调节焊机的一种。这类焊机使用时特别方便,日本松下生产的 YM-500S 型、我国唐山-松下产业机器有限公司生产的 YM-600KHlHGE、YM-500KRIVTA 型 CO_2 气体保护焊机采用的就是这种调节方式。

2）多元化调节电源　这种电源的焊接电流和电弧电压分别用两个旋钮调节,调节焊接参数较麻烦,图 3-9 所示就是多元化调节焊机的一种。德国生产的 VARIOMIG600RV、日本的 Xmark III 500PS 型 CO_2 气体保护焊机均采用了这种调节方式。

3. 焊接电源的负载持续率

任何电器设备在使用时都会发热,使温度升高,如果温度太高,绝缘损坏,就会使电器设备烧毁。为了防止设备烧毁,必须了解焊机的额定焊接电流和负载持续率及它们之间的关系。

1）负载持续率　负载持续率可以按下式进行计算：

$$负载持续率 = \frac{燃弧时间}{焊接时间} \times 100\%$$

焊接时间是燃弧时间与辅助时间之和。当电流通过导体时,因导体都有电阻会发热,发热量与电流的平方成正比,电流越大,发热量越大,温度越高。当电弧燃烧（负载）时,发热量大,焊接电源温度升高;电弧熄灭（空载）时,发热量小,焊接电源温度降低。电弧燃烧时间越长,辅助时间越短,即负载持续率越高,焊接电源温度升高得越多,焊机越容易烧坏。

2）额定负载持续率　在焊机出厂标准中规定了负载持续率的大小。我国规定额定负载持续率为 60%,即在 5 min 内,连续或累计燃弧 3 min,辅助时间为 2 min 时的负载持续率。

3）额定焊接电流　在额定负载持续率下,允许使用的最大焊接电流称为额定焊接电流。

4）允许使用的量大焊接电流　当负载持续率低于 60% 时,允许使用的最大焊接电流比额定焊接电流大,负载持续率越低,可以使用的焊接电流越大。

当负载持续率高于 60% 时,允许使用的最大焊接电流比额定焊接电流小。已知额定负载持续率、额定焊接电流和实际负载持续率时,可按下式计算允许使用的最大焊接电流：

$$允许使用的最大焊接电流 = \sqrt{\frac{额定负载持续率}{实际负载持续率}} \times 额定焊接电流$$

实际负载持续率为 100% 时,允外使用的焊接电流为额定焊接电流的 77%。

4. 焊接电源的铭牌

铭牌上给出了焊接电源的参数,使用时应严格遵守铭牌上的全部规定。例如上海电焊机厂生产的 CO_2 气体保护焊机电源铭牌,见表 3 - 1。

表 3-1 CO₂气体保护焊电源铭牌及参数

型号	YD-500S	额定输出电流	500 A
额定输入电压	380 V	额定输出电压	45 V
额定输入	31.9 kVA	额定负载持续率	60%
	28.1 kW	重量	172 kg
相数	3 相	生产日期	
频率	50/60 Hz	出厂编号	

二、供气系统

供气系统的功能是向焊接区提供流量稳定的 CO_2 保护气体。供气系统由气瓶、减压流量调节器、预热器、流量计及管路组成。

1）减压流量调节器 减压流量调节器是将气瓶中的高压 CO_2 气体的压力降低，并保证保护气体输出压力稳定。

2）流量计 用来调节和测量保护气体的流量。

3）预热器 高压 CO_2 气体经减压阀变成低压气体时，因体积突然膨胀，温度会降低，可能使瓶口结冰，将阻碍 CO_2 气体的流出，装上预热器可防止瓶口结冰。

现在所使用的减压流量调节器用起来非常方便。这种调节器已将预热器、减压阀和流量调节器合成一体。常用的减压流量调节器有两种类型，如图 3-10 和图 3-11 所示。没有浮子流量计的减压流量调节器结

图 3-10 没有浮子流量计的减压流量调节器

1—进气口；2—高压表；3—预热器电缆；4—出气口；5—流量调节手轮

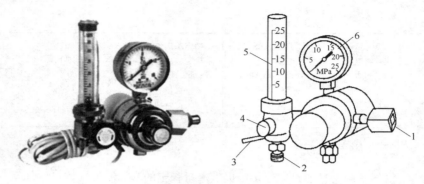

图 3-11　有浮子流量计的减压流量调节器

1—进气口；2—出气口；3—预热器电缆；4—流量调节旋钮；
5—浮子流量计；6—高压表

构简单,价格便宜,只要依靠流量调节手轮上的刻度,就可判定 CO_2 气体流量的大小,但这种流量计不直观,精确度也比较差。有浮子流量计的减压流量调节器结构比较复杂,价格稍贵,可根据浮子的位置直观判定 CO_2 气体流量的大小,浮子越高,流量越大,但浮子流量计很容易摔坏,使用时要特别小心。

三、送丝系统

送丝系统主要由送丝机构(包括电动机、减速器、校直轮、送丝轮)、送丝软管、焊丝盘等组成。

1. 对送丝机构的要求

(1) 送丝速度均匀稳定。

(2) 调速方便灵活。

(3) 结构牢固,轻巧可靠。

2. 送丝方式

根据送丝方式不同,送丝系统可分为推丝式、拉丝式、推拉丝式和行星式四种,如图 3-12 和图 3-13 所示。

1) 推丝式　推丝式是半自动熔化极气体保护焊应用最广泛的送丝方式之一,这种送丝方式的焊枪结构简单、轻便,操作和维修都比较方便。但是,焊丝送进的阻力较大,如果送丝软管过长,送丝稳定性变差,一般送丝软管长 3~5 m。

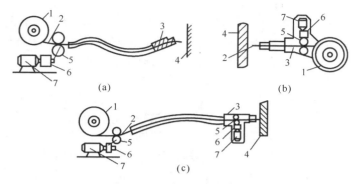

图 3 - 12 送丝方式示意图

（a）推丝式；（b）拉丝式；（c）推拉丝式

1—焊丝盘；2—焊丝；3—焊炬；4—焊件；5—送丝滚轮；6—减速器；7—电动机

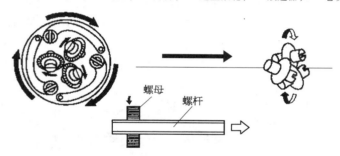

图 3 - 13 三轮行星式送丝机构工作示意图

2）拉丝式 拉丝式可分为三种形式：一种是将焊丝盘和焊枪分开，两者通过送丝软管连接；另一种是将焊丝盘直接安装在焊枪上，这两种都适合于细丝半自动焊；还有一种是不但焊丝盘与焊枪分开，送丝电动机也与焊枪分开，这种送丝方式可用于自动熔化极气体保护电弧焊。

3）推拉丝式 推拉丝式的送丝软管可加长到 15 m 左右，扩大了半自动焊的操作距离。焊丝的前进既靠后面的推力，又靠前面的拉力。利用这两个力的合力来克服焊丝在软管中的阻力。送丝过程中，始终要保持焊丝在软管中处于拉直状态。这种送丝方式常用于半自动熔化极气体保护电弧焊。

4）行星式 三轮行星式送丝机构如图 3 - 13 所示，是利用轴向固定的旋转螺母能轴向推送螺杆的原理设计而成的。三个互为 120°的滚轮交叉地装置在一块底座上,组成一个驱动盘。这个驱动盘相当于螺母,是行星式送丝机构的关键部分,通过三个滚轮中间的焊丝相当于螺杆。驱动盘由小型电动机带动,要求电动机的主轴是空心的。在电动机的一端或两端装上驱动盘后,就组成一个行星式送丝机构单元。

　　送丝机构工作时,焊丝从一端的驱动盘进入,通过电动机中空轴后,从另一端的驱动盘送出。驱动盘上的三个滚轮与焊丝之间有一个预先调定的螺旋角,当电动机的主轴带动驱动盘旋转时,三个滚轮向焊丝施加一个轴向推力,将焊丝往前推送。在送丝过程中,三个滚轮一方面围绕焊丝公转,另一方面绕着自己的轴自传。通过调节电动机的转速可调节焊丝送进速度。

　　3. 推丝式送丝机构

　　常见的推丝式送丝机构如图 3 - 14 所示。装焊丝时应根据焊丝直径选择合适的 V 形槽,并调整好压紧力,若压紧力太大,将会在焊丝上压出棱边和很深的齿痕,送丝阻力增大,焊丝嘴内孔易磨损;若压紧力太小,则送丝不均匀,甚至送不出焊丝。

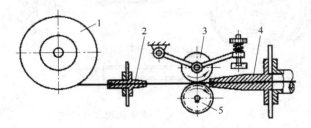

图 3 - 14　推丝式送丝机构

1—焊丝盘;2—进丝嘴;3—从动压紧轮;4—出丝嘴;5—主动送丝轮

　　4. 送丝轮

　　根据送丝轮的表面形状和结构的不同,可将推丝式送丝机构分成两类:

　　1) 平轮 V 形槽送丝机构　送丝轮上切有 V 形槽,靠焊丝与 V 形槽两个侧面接触点的摩擦力送丝,如图 3 - 15 所示,由于摩擦力小,送丝速度不够平稳。当送丝轮夹紧力太大时,焊丝易被夹扁,甚至压出直棱,会加剧焊丝嘴内孔的磨损。目前大多数的送丝机构采用的都是这种送丝方式。

　　2) 行星双曲线送丝机构　采用特殊设计的双曲线送丝轮(图3-16),使焊丝与送丝轮保持线接触,送丝摩擦力大,速度均匀,送丝距离大,焊丝没有压痕,能校直焊丝。对带轻微锈斑的焊丝有除锈作用,且送

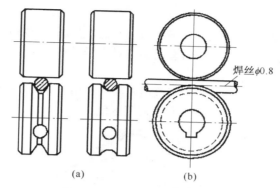

图 3-15 平轮 V 形槽送丝机构

（a）V 形槽；（b）圆弧槽

丝机构简单，性能可靠，但双曲线送丝轮设计与制造较为麻烦。当前也有许多生产厂家生产的焊机采用这种送丝方式。

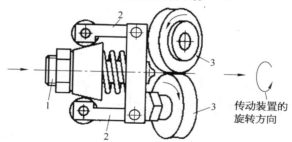

图 3-16 行星双曲线送丝机构

1—进丝嘴；2—轮头；3—送丝轮

四、焊枪

根据送丝方式的不同，焊枪可分成拉丝式焊枪和推丝式焊枪两类。

1. 拉丝式焊枪

拉丝式焊枪外形和结构如图 1-8 所示。这种焊枪的主要特点是送丝速度均匀稳定，活动范围大，但是由于送丝机构和焊丝都装在焊枪上，所以焊枪的结构比较复杂、笨重，只能使用直径 0.5~0.8 mm 的细焊进行焊接。

2. 推丝式焊枪

这种焊枪结构简单、操作灵活,但焊丝经过软管时受较大的摩擦阻力,只能采用 $\phi 1$ mm 以上的焊丝进行焊接。推丝式焊枪按形状不同,可分为鹅颈式焊枪和手枪式焊枪两种。

1) 鹅颈式焊枪　鹅颈式焊枪结构如图 3-17 所示。这种焊枪形似鹅颈,应用较为广泛,用于平焊位置时很方便。

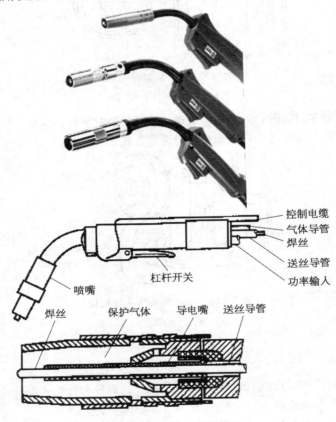

图 3-17　鹅颈式焊枪

典型的鹅颈式焊枪结构如图 3-18 所示。它主要包括喷嘴、焊丝嘴、分流器、导电电缆等元件。

(1) 喷嘴。其内孔形状和直径的大小将直接影响气体的保护效果,

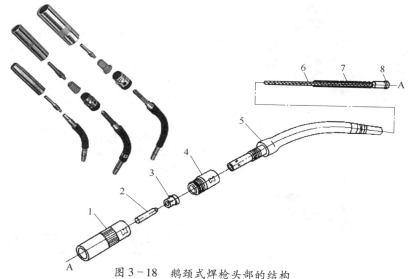

图 3－18 鹅颈式焊枪头部的结构

1—喷嘴；2—焊丝嘴；3—分流器；4—接头；5—枪体；
6—弹簧软管；7—塑料密封管；8—橡胶密封圈

要求从喷嘴中喷出的气体为上小下大的尖头圆锥体，均匀地覆盖在熔池表面，如图 3－19 所示。喷嘴内孔的直径为 16 ~ 22 mm，不应小于 12 mm，为节约保护气体，便于观

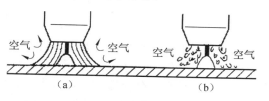

图 3－19 保护气体的形状

（a）层流；（b）紊流

察熔池，喷嘴直径不宜过大。常用纯（紫）铜或陶瓷材料制造喷嘴，为降低其内外表面的粗糙度值，要求在纯铜喷嘴的表面镀上一层铬，以提高其表面硬度和降低粗糙度值。喷嘴以圆柱形较好，也可做成上大下小的圆锥形，如图 3－20 所示。焊接前，最好在喷嘴的内外表面上喷一层防飞溅喷剂，或刷一层硅油，便于清除黏附在喷嘴上的飞溅并延长喷嘴使用寿命。

（2）焊丝嘴。又称导电嘴，其外形如图 3－21 所示，它常用纯铜和铬青铜制造。为保证导电性能良好，减小送丝阻力和保证对中心，焊丝嘴的内孔直径必须按焊丝直径选取，孔径太小，送丝阻力大。孔径太大则送出

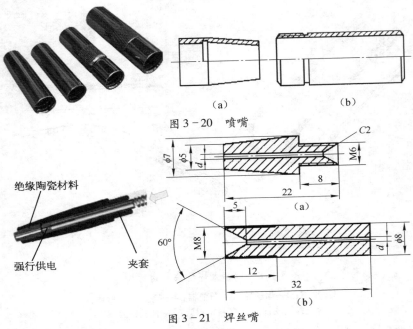

图 3-20　喷嘴

图 3-21　焊丝嘴

（a）用于细丝；（b）用于直径大于 2 mm 的焊丝

的焊丝端部摆动太厉害,造成焊缝不直,保护也不好。通常焊丝嘴的孔径比焊丝直径大 0.2 mm 左右。

（3）分流器。分流器采用绝缘陶瓷制成,上有均匀分布的小孔,从枪体中喷出的保护气经分流器后,从喷嘴中呈层流状均匀喷出,可改善保护效果,分流器的结构如图 3-22 所示。

图 3-22　分流器

（4）导管电缆。导管电缆的外面为橡胶绝缘管,内有弹簧软管、纯铜导电电缆、保护气管和控制线,常用的标准长度是 3 m,若根据需要,可采用 6 m 长的导管电缆,其结构如图 3-23 所示,导管电缆由如下部分组成。

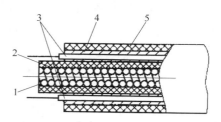

图 3-23　导管电缆结构图

1—可更换弹簧软管；2—内绝缘套管；3—控制线；
4—电焊电源电缆；5—橡胶绝缘外套

① 弹簧软管:用不锈钢丝缠绕成的密排弹簧软管,保证硬度好、不生锈,以减少送丝时的摩擦阻力,弹簧软管的表面套有不透气的耐热塑料管。焊接过程中应注意以下事项：

a. 经常将弹簧软管内的铜屑及脏物清理干净,以减小送丝阻力。

b. 检查弹簧软管外的塑料管是否破损,破损处会漏气,焊接时因 CO_2 流量不够会产生气孔。若发现塑料层破裂、漏气,需及时更换。

c. 应根据焊丝直径,正确选择弹簧软管的直径,正确选择弹簧软管的内径,若焊丝粗,弹簧软管内径小,则送丝阻力就大；若焊丝细,弹簧软管内径大,送丝时焊丝在软管中容易弯曲,影响送丝效果。表 3-2 给出了不同焊丝直径的软管内径尺寸。

表 3-2　不同焊丝直径的软管内径　　　　　　　（mm）

焊丝直径	软管内径	焊丝直径	软管内径
0.8~1.0	1.5	1.4~2.0	3.2
1.0~1.4	2.5	2.0~3.5	4.7

d. 如果用熔化极气体保护焊用铝焊丝,因焊丝很软,必须采用内径合适的聚四氟乙烯软管,才能减少摩擦,保证顺利送丝。

②内绝缘套管：防止弹簧软管外的塑料管破裂，并应保证整根导管电缆中焊接软电缆和焊丝的绝缘。

③控制线：给焊枪手柄上的控制开关供电用。

2）手枪式焊枪　手枪式焊枪的结构如图3-24所示，这种焊枪形似手枪，用来焊接除水平面以外的空间焊缝较为方便。焊接电流较小时，焊枪采用自然冷却，当焊接电流较大时，采用水冷式焊枪。

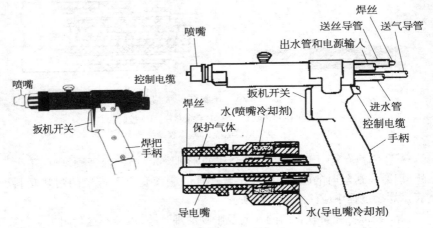

图3-24　手枪式水冷焊枪

水冷式焊枪的冷却水系统由水箱、水泵、冷却水管和水压开关组成。水箱里的冷却水经水泵流经冷却水管，经过水压开关后流入焊枪，然后经冷却水管再回流水箱，形成冷却水循环。水压开关的作用是保证冷却水只有流经焊枪，才能正常启动焊接，用来保护焊枪。

五、控制系统

半自动CO_2保护焊机的控制系统由基本控制系统和程序控制系统组成。

1）基本控制系统的构成和作用　基本控制系统主要包括：焊接电源输出调节系统、送丝速度调节系统、小车行走速度调节系统（自动焊）和气体流量调节系统。它们的主要作用是在焊前和焊接过程中调节焊接电流或电压、送丝速度、焊接速度和气体流量的大小。

2）程序控制系统的主要作用 程序控制系统如图3－25所示,程序控制系统的主要作用有以下几个方面:

图3－25 半自动 CO_2 保护焊机程序控制方框图

（1）控制焊接设备的启动和停止。

（2）实现提前送气、滞后停气。

（3）控制水压开关动作,保证焊枪受到良好的冷却。

（4）控制送丝速度和焊接速度。

（5）控制引弧和熄弧。

熔化极气体保护焊的引弧方式一般有三种:爆断引弧、慢送丝引弧和回抽引弧。爆断引弧是指焊丝接触通电的工件,使焊丝与工件相接处熔化,焊线爆断后引弧;慢送丝引弧是指焊丝缓慢向工件送进,直到电弧引燃;回抽引弧是指焊丝接触工件后,通电回抽焊丝引燃电弧。熄弧方式一般有电流衰减（送丝速度也相应衰减,填满弧坑）和焊丝反烧（先停止送丝,经过一段时间后切断电源）。

第三节 焊 机

一、焊机的型号及发展趋势

1. 焊机的型号

CO_2 气体保护焊机的型号编制如图3－26所示。国产熔化极气体保护焊机的基本参数见表3－3。

图3－26 CO_2 气体保护焊机型号编制

表3-3　半自动 CO_2 气体保护焊机的基本参数

额定焊接电流等级（A）	调节范围		额定负载电压（V）	焊丝直径（mm）	焊接速度（m/min）	送丝速度（m/min）		额定负载持续率（%）	工作周期（min）
	上限不小于	下限不大于				上限不小于 CO_2 气体保护焊	下限不大于		
160	160/22	40/16	22	0.6 0.8 1.0	—	9~12	3	60 或 100	5 或 10
200	200/24	60/17	24	0.8 1.0	—	9~12	3	60 或 100	5 或 10
250	250/27	60/17	27	0.8 1.0 1.2	—	12	3	60 或 100	5 或 10
315 (300)	315 (300) /30	80/18	30	0.8 1.0 1.2	0.2~1.0	12	3	60 或 100	5 或 10
400	400/24	80/18	34	1.0 1.2 1.6	0.2~1.0	12	3	60 或 100	5 或 10
500	500/39	100/19	39	1.0 1.2 1.6	0.2~1.0	12	3	60 或 100	5 或 10
630	630/44	110/19	44	1.2 1.6 2.0	0.2~1.0	12	2.4	60 或 100	5 或 10

图3-27　抽头式 CO_2 气体保护焊机（分体式）

2. 熔化极气体保护焊机的型号与技术数据

当前国产的半自动熔化极气体保护焊机主要有以下三种型号。

1）抽头式半自动 CO_2 气体保护焊机

这种焊机的电源变压器的一次线圈有很多抽头，可以通过开关改变一次线圈的匝数，改变电压比实现有级调节焊机输出的直流电压，达到改变焊接电流和电弧电压的目的。这类焊机的结构比较简单，维修方便，价格也便宜。其送丝机可以放在电源内，也可以做成分体式的（图3-27）。抽头式半自动 CO_2 气体保护焊机的主要技术参数见表3-4。

表 3 - 4　抽头式半自动 CO_2 气体保护焊机的主要技术参数

项目＼型号	NBC - 200	NBC - 250	NBC - 315	NBC - 400
输入电压(V)	380			
相　　数	3			
焊接电压(V)	16 ~ 24	16 ~ 27	16 ~ 30	16 ~ 34
焊接电流(A)	30 ~ 200	30 ~ 250	30 ~ 315	30 ~ 400
负载持续率(%)	60			
送丝速度(m/min)	3 ~ 15			
保护气体	CO_2			
机身重量(kg)	105	115	135	140

2）晶闸管式半自动熔化极气体保护焊机(图 3 - 28)　这种焊机的电源采用晶闸管或晶闸管模块控制,送丝机和焊枪采用分体式结构,焊工工作范围较大。这类焊机的控制精度高,电网电压波动时,通过控制电路可以自动补偿,保证焊接参数的稳定。按照规定,当电网电压在 ± 10% 的范围内变化时,焊接参数的变化范围不大于 ± 3% ,一般都能达到 ± 1% 。因此,焊接质量好,生产效率高,已经广泛用于不锈钢、碳钢、铝及铝合金的焊接。当前晶闸管式半自动熔化极气体保护焊机的主要技术参数见表 3 - 5。

图 3 - 28　晶闸管式半自动熔化极气体保护焊机

表 3 - 5　晶闸管式半自动熔化极气体保护焊机的主要技术参数

项目＼型号	NB - 200	NB - 350	NB - 500
输入电压(V)	380		
相　　数	3		
输入容量(kVA)	7.6	18.1	31.9

（续表）

型号\n项目	NB－200	NB－350	NB－500
空载电压(V)	34	52	66
输出电压(V)	DC15～25	DC16～36	DC6～45
输出电流(A)	DC50～200	DC50～350	DC60～500
适用焊丝直径(mm)	0.8～1.0	0.8～1.2	1.0～1.6
负载持续率(％)	60		
机身重量(kg)	98	128	168

3）逆变式半自动熔化极气体保护焊机（图3－29）　这种焊机的电源用 IGBT 大功率器件做逆变元件,动态响应快,电弧稳定,具有设备重量轻、空载损耗低、效率高、引弧快、焊接质量高、飞溅小、焊接参数稳定等优点。其主要技术参数见表3－6。

图3－29　逆变式半自动熔化极气体保护焊机

表3－6　逆变式半自动熔化极气体保护焊机的主要技术参数

型号\n项目	NB－200	NB－350	NB－500
输入电压(V)	380		
输入容量(kVA)	6.8	18	26.8
空载电压(V)	54	42	54
焊接电流(A)	200	350	500
负载持续率(％)	60		
适用焊丝直径(mm)	0.8～1.0	0.8～1.2	0.8～1.6
送丝速度(m/min)	0～13		
机身重量(kg)	34	38	42

3. 焊机的发展趋势

近年来,随着机电控制和计算机技术的迅速发展,越来越多的 CO_2 气体保护焊设备采用了微处理机集中控制系统,因此,CO_2 气体保护焊变得更加稳定,有效保证了焊接质量,这也是全面推广 CO_2 气体保护焊的重要前提和条件。目前,在汽车、摩托车、集装箱等行业已经成功实现了智能 CO_2 气体保护焊接,大大降低了操作人员的劳动强度,提高了焊接产品的质量和焊接生产效率。另外,集成电路板在焊接设备上的采用,也便利了焊接设备的维修。

二、焊机的安装

1. 安装要求

(1) 电源电压、开关、熔丝容量必须符合焊机铭牌上的要求。千万不能将额定输入电压为 220 V 的设备接在 380 V 的电源上。

(2) 每台设备都用一个专用的开关供电,设备与墙的距离应该大于 0.3 m,并保证通风良好。

(3) 设备导电外壳必须接地线,地线截面积必须大于 12 mm^2。

(4) 凡需用水冷却的焊接电源或焊枪,在安装处必须有充足可靠的冷却水,为保证设备的安全,最好在水路中串联一个水压继电器,无水时可自动断电,以免烧毁焊接电源及焊枪。使用循环水箱的焊机,冬天应注意防冻。

(5) 根据焊接电流的大小,正确选择电缆软线的截面积。

如果焊接区离焊机较远,为减小线路损失。必须选择合适的焊接软线及地线截面积。当焊接电缆允许压降为 4 V 时,可按表 3-7 选定焊接软线的截面积。

表 3-7　焊接软线截面积与距离的关系　　　　（mm^2）

距离（m） 电流（A）	20	30	40	50	60	70	80	90	100
100	30	38	38	38	38	38	38	50	50
150	30	38	38	38	50	50	60	80	80
200	38	38	38	50	60	80	80	100	100

（续表）

距离(m) 电流(A)	20	30	40	50	60	70	80	90	100
250	38	50	50	60	80	100	100	125	125
300	38	50	60	80	100	100	125	125	—
350	38	50	80	80	100	125	—	—	—
400	38	60	80	100	125	—	—	—	—
450	50	80	100	125	—	—	—	—	—
500	50	80	100	125	—	—	—	—	—
550	50	80	100	125	—	—	—	—	—
600	80	100	125	—	—	—	—	—	—

2. 安装步骤

焊机安装前必须认真阅读设备使用说明书,了解基本要求后才能按下述步骤进行安装。

（1）查清电源的电压、开关和熔丝的容量。这些要求必须与设备铭牌上标明的额定输入参数完全一致(图3－30)。

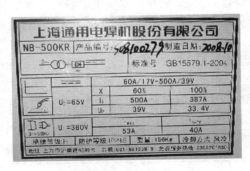

图3－30　铭牌的标注

（2）焊接电源的导电外壳必须用截面积大于12 mm 的导线可靠接地。

（3）用电缆将焊接电源输出端的负极和焊件接好,将正极与送丝机接好(图3－31)。CO_2 气体保护焊通常都采用直流反接,可获得较大的熔

68

深和生产效率。如果用于堆焊,为减小堆焊层的稀释率,最好采用直流正接,这两根电缆的接法正好与上述要求相反。

图3-31 输出电缆的连接

(4)接好遥控盒插头,以便焊工能在焊接处灵活调整焊接参数。

(5)将流量计至焊接电源及焊接电源至送丝机处的送气胶管接好(图3-32)。

图3-32 送气胶管的连接

(6)将减压调压器上的预热器的电缆插头,插至焊机插座并拧紧(图3-33),接通预热器电源。

(7)将焊枪与送丝机接好(图3-34)。

(8)若焊机或焊枪需用水冷却,则接好冷却水系统,冷却水的流量和水压必须符合要求。

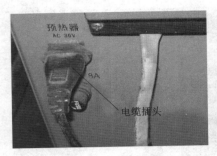
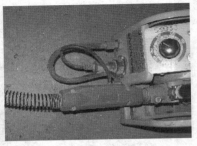

图 3 - 33 预热器与焊机的连接　　　图 3 - 34 焊枪与送丝机的连接

（9）接好焊接电源至供电电源开关间的电缆（图 3 - 35），若焊机固定不动，焊机至开关这段电缆按要求应从埋在地下的钢管中穿过。若焊机需移动，最好采用截面积合适和绝缘良好的四芯橡胶套电缆（图3 - 36）。

图 3 - 35 焊接电源与供电　　　图 3 - 36 四芯橡胶套电缆
　　　电源的连接　　　　　　　1—导体；2—绝缘；3—护套；4—接地线芯

三、焊机的使用与调整

由上海电焊机厂生产的 YM - 500S 型 CO_2 气体保护焊机，是典型的 CO_2 气体保护焊机，该焊机的焊接功能比较完善，工作性能较为可靠，而且使用寿命很长，其结构组成如图 3 - 37 所示，主要包括焊接电源、送丝机构、焊枪、遥控盒和 CO_2 气体减压调节器。

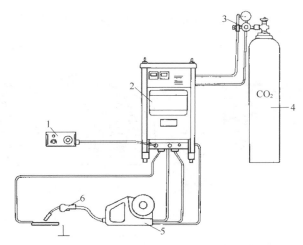

图 3–37 YM–500S 型 CO_2 气体保护焊机组成结构图

1—遥控盒；2—电源；3—减压调节器；4—气瓶；5—送丝机；6—焊枪

1. 控制按钮的选择

该焊机可采用直径 1.2 mm 和 1.6 mm 的焊丝,纯 CO_2 或氩气与 CO_2 混合气体进行焊接。焊接前需预先调整好这些开关的位置,调整方法如图 3–38 所示。这些开关必须在焊前调整好,焊接过程开始后一般不再进行调整。

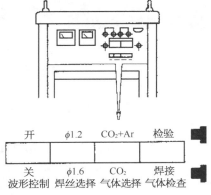

图 3–38 调整控制开关

2. 装焊丝

图 3－39 为与该焊机相配套的送丝机。焊丝的安装可以按下述步骤进行：

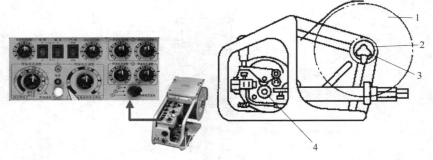

图 3－39　送丝机

1—焊丝盘；2—焊丝盘轴；3—锁紧螺母；4—送丝轮

（1）将焊丝盘装在轴上并锁紧（图 3－40）。

 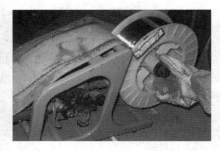

图 3－40　安装焊丝盘

（2）将压紧螺钉松开并转到左边，顺时针方向扳起压力臂，如图 3－41 所示。

（3）将焊丝通过校直轮，并经与焊丝直径对应的 V 形槽插入导管电缆 20～30 mm。

（4）放下压力臂并拧紧压紧螺钉。

（5）调整校直轮压力，校直轮压紧螺钉的最佳位置如下：对于直径 1.2 mm 的焊丝，完全拧紧后再松开 1/4 圈；对于直径 1.6 mm 的焊丝，完全拧紧。

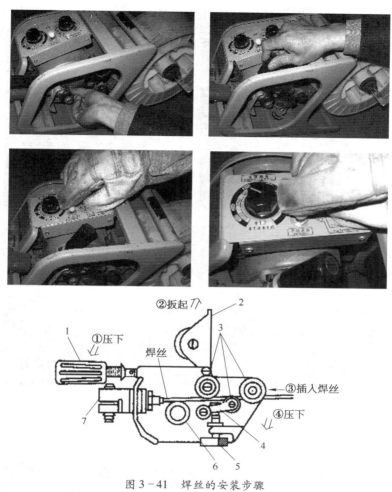

图 3-41　焊丝的安装步骤

按①②③④的顺序安装焊丝
1—压紧螺钉；2—压力臂；3—校直轮；4—活动校直臂；
5—校正调整螺钉；6—送丝机；7—焊枪电缆插座

（6）按遥控器上的步进按钮，直到焊丝头超过导电嘴端 10～20 mm 为止。

3. 安装减压流量调节器并调整流量

（1）操作者站在气瓶嘴的侧面，缓慢开、闭气瓶阀门 1～2 次，检查气瓶是否有气,并吹净瓶口上的脏物(图3-42)。

图3-42　开闭气瓶

(2) 装上减压流量调节器,并顺时针方向拧紧螺母,然后缓慢地打开瓶阀,检查接口处是否漏气(图3-43)。

检查接口处是否漏气

图3-43　开启气瓶并检验

(3) 按下焊机面板上的保护气体检查开关,此时电磁气阀打开,可慢慢拧开流量调节手柄,流量调至符合焊接要求时为止(图3-44)。

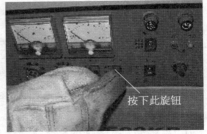

调节此旋钮

按下此旋钮

图3-44　开启并调节气体流量

（4）流量调整好后,再按一次保护气体检查开关,此开关自动复位,气阀关闭,气路处于准备状态,一旦开始焊接,即按调好的流量供气。

4. 选择焊机的工作方式

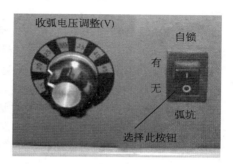

该焊机有三种工作方式,可用"自锁、弧坑"控制开关(图3-45)选择。此开关在焊机的左上方,位于电流表与电压表的下面。当自锁电路接通时,只要按一下焊枪上的控制开关就可松开,焊接过程自动进行,焊工不必一直按着焊枪上的开关,操作时较轻松。当"自锁"电路不通时,

图3-45 自锁、弧坑控制开关

焊接过程中焊工必须一直按着控制开关,只要松开此开关焊接过程立即停止。当弧坑电路接通时(ON位置),收弧处将按预先选定的焊接参数自动衰减,能较好地填满弧坑。若弧坑电路不通(OFF位置),收弧时焊接参数不变。

下面讨论每种工作方式的特点。

1）第一种工作方式 "工作方式选择开关"扳向上方时为第一种工作方式。在这种工作方式下,自锁和弧坑控制电路都处于接通状态,焊接过程如图3-46所示。因为自锁电路处于接通状态,焊接过程开始后,即

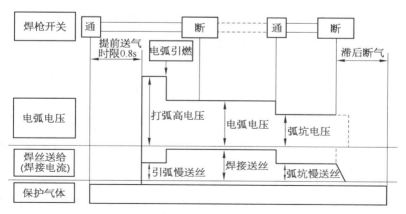

图3-46 第一种工作方式的焊接过程

可松开焊枪上的控制开关,焊接过程自动进行,直到第二次按焊枪上的控制开关为止。当第二次按焊枪上的控制开关时,弧坑控制电路开始工作,焊接电流与电弧电压按预先调整好的参数衰减,电弧电压降低,送丝速度减小,第二次松开控制开关时,填弧坑结束。填弧坑时采用的电流和电压(即送丝速度),可分别用弧坑电流、弧坑电压旋钮进行调节。

　　操作时应特别注意:焊枪控制开关第二次接通时间的长短是填弧坑时间。这段时间必须根据弧坑状况选择。若时间太短,弧坑填不满;若时间太长,弧坑处余高太大,还可能会烧坏焊丝嘴。

　　开关接通时间必须在实践中反复练习才能掌握。第一种工作方式适用于连续焊长焊缝,焊接参数不需经常调整的情况。

　　2)第二种工作方式　"工作方式选择开关"扳在中间时为第二种工作方式。在这种工作方式下,自锁和弧坑控制电路都处于断开状态。焊接过程如图 3-47 所示。

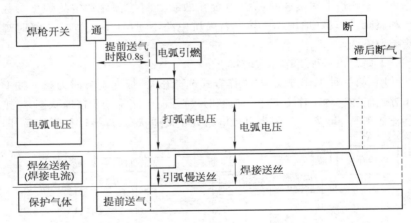

图 3-47　第二种工作方式的焊接过程

　　在这种工作方式下,焊接过程中不能松开焊枪上的控制开关,焊工较累,靠反复引弧、断弧的办法填弧坑。第二种工作方式适用于焊接短焊缝和焊接参数需经常调整的情况。

　　3)第三种工作方式　"工作方式选择开关"扳向下方时为第三种工作方式。在这种工作方式下,自锁电路接通,弧坑控制电路断开,焊接过程如图 3-48 所示。

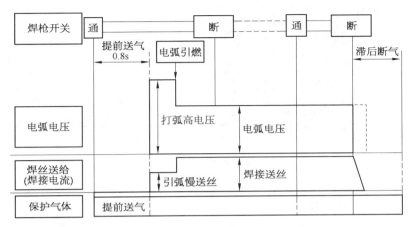

图 3-48 第三种工作方式的焊接过程

在第三种工作方式下,焊接过程一转入正常状态,焊工就可以松开焊枪上的控制开关,自锁电路保证焊接过程自动进行。需要停止焊接时,第二次按焊枪上的控制开关,焊接过程立即自动停止,因弧坑控制电路不起作用,焊接电流不能自动衰减,为填满弧坑,需在弧坑处反复引弧、断弧几次,直到填满弧坑为止。

5. 调整焊接参数

该焊机采用一元化控制方式,调整焊接参数简单,通常按下述步骤进行:

(1) 将遥控盒上的输出焊接电流调整旋钮的指针旋至预先选定的焊接电流刻度处,电压微调旋钮调至零处,如图 3-49 所示。电流有两圈刻度,内圈用于直径为 1.2 mm 的焊丝,外圈用于直径为 1.6 mm 的焊丝。

(2) 引燃电弧,并观察电流表读数与所选值是否相符,若不符,则再调输出旋钮至电流读数相符为止。

(3) 根据焊缝成形情况,用电压微调旋钮修正电弧电压值,直到焊缝宽度满意为止。若焊缝较窄或两边熔合不太好,可适当增加电压,将微调旋钮按顺时针方向转动;若焊缝太宽或咬边,则降低电压,微调旋钮逆时针方向转动。

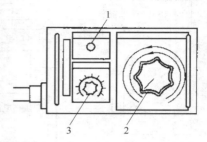

图 3-49 遥控盒

1—步进按钮；2—电流调节旋钮；3—电弧电压调节旋钮

6. 调整收弧焊接参数

若选用弧坑控制工作方式(即第一种工作方式),则可用弧坑电流和弧坑电压调节旋钮分别调节收弧电流和电压,如图 3-50 所示。

7. 调整波形控制开关

对于 CO_2 气体保护焊,当焊接电流在 100~180 A 范围内时,由于熔滴是短路过渡和熔滴过渡的混合形式,飞溅大,电弧不稳定,焊缝成形不好。当波形控制电路接通后(开关按下时),如图 3-50 所示,在上述电流范围内,可改善焊接条件,减小飞溅,改善成形,并可提高焊接速度 20%~30%。

图 3-50 收弧焊接参数的调节

1—弧坑电压调节旋钮；2—弧坑电流调节旋钮；
3—工作方式选择开关；4—波形控制开关

四、焊机的维护

使用 CO_2 气体保护焊机必须经常进行维护和保养,其主要注意事项有以下几方面:

(1) 初次使用 CO_2 气体保护焊机前,必须仔细阅读使用说明书,了解与掌握焊机性能,并在有关专业人员的指导下进行操作。

(2) 严禁焊接电源短路。因为焊接电源的短路会造成焊机的温度迅速上升,严重时有可能烧毁焊机或其他辅助设施,所以,CO_2气体保护焊机不能有频繁和长时间的短路现象。

（3）严禁用兆欧表(摇表)去检查焊机主要电路和控制电路。如需检查焊机绝缘情况或其他问题,采用兆欧表时,必须将硅元件及半导体器件摘掉才能进行。

（4）使用 CO_2 气体保护焊机必须在室温不超过 40℃、湿度不超过 85％、无有害气体和易燃易爆气体的环境中,CO_2 气瓶不得靠近热源或在太阳光下直接照射。

（5）焊机接地必须可靠。

（6）焊枪不准放在焊机上,也不得随意乱扔乱放,应放在安全可靠的地方。

（7）经常注意焊丝滚轮的送丝情况,如发现因送丝滚轮磨损而出现的送丝不良,应更换新件。使用时不宜把压丝轮调得过紧,但也不能太松,调到焊丝输出稳定可靠为宜。

（8）定期检查送丝机构齿轮箱的润滑情况,必要时应添加或更换新的润滑油。

（9）经常检查导电嘴的磨损情况,磨损严重时应及时更换。

（10）半自动 CO_2 气体保护焊机的送丝电动机要定期检查碳刷的磨损程度,磨损严重时要调换新的碳刷。

（11）必须定期对半自动 CO_2 焊丝输送软管以及弹簧软管的工作情况进行检查,防止出现漏气或送丝不稳定等故障。对弹簧软管的内部要定期清洗,并排除管内脏物。

（12）经常检查 CO_2 气体的预热器和干燥器的工作情况,保证对气体正常加热和干燥。

（13）操作结束后或临时离开工作现场时,要切断电源,关闭水源和气源。

第四章 二氧化碳气体保护焊焊接工艺

CO_2气体保护焊是熔化焊中使用最普遍的一种焊接方法,一般可分为半自动和全自动两种情况,半自动CO_2气体保护焊(简称CO_2焊)使用设备简单、操作方便灵活,适应各种条件下的焊接。因此,已经成为生产中最广泛和最常用的一种焊接方法。而且随着焊接技术的不断完善,对一些结构复杂、零件小、焊缝短或弯曲的焊件,也可以采用CO_2气体保护焊来完成。因此,在国内外,CO_2气体保护焊都是当前焊接工作中主要的方法之一。

第一节 焊接接头与焊缝符号

一、焊接接头的特点

用焊接的方法连接的接头称为焊接接头。焊接接头包括三个部分,即焊缝、熔合区和热影响区,如图4-1所示。焊接接头有如下三个特点:

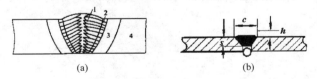

图4-1 焊接接头示意图

(a)焊接接头的组成部分;(b)焊接接头尺寸
1—焊缝;2—熔合区;3—热影响区;4—母材
c—焊缝宽度;h—焊缝高度(余高);s—焊缝宽度

（1）焊缝是焊件经过焊接后所形成的的结合部分,通常由熔化的母材和焊材组成,有时也全由熔化的母材构成。

（2）热影响区是在焊接过程中,母材因受热(但是没有被熔化)金相组织和力学性能发生了变化的区域。

（3）熔合区是焊接接头中焊缝向热影响区过渡的区域,它是刚好加热到熔点和凝固温度区间的那部分。

二、焊接接头的形式及焊接位置

1.焊接接头的形式

在 CO_2 气体保护焊中,由于焊件的厚度、结构的形式及使用不同,其接头形式及坡口形式也不相同。焊接接头的形式有多种,其中主要的基本形式可分为对接接头、T 形接头、角接接头、搭接接头四种。有时焊接结构中还有其他类型的接头形式,如十字接头、端接接头、斜对接接头、锁底对接接头等。

1）对接接头　两焊件端面相对平行的接头称为对接接头。对接接头是在焊接结构中采用最多的一种接头形式。根据焊件的厚度、焊接方法和坡口准备的不同,对接接头可分为不开坡口和开坡口两种。

（1）不开坡口的对接接头。当钢板厚度在 6 mm 以下,一般不开坡口,只留 1～2 mm 的接缝间隙,如图 4-2 所示。但这也不是绝对的,在有些重要的结构中,当钢板厚度大于 3 mm 时,就要求开

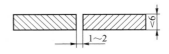

图 4-2　不开坡口的对接接头

坡口。所谓坡口就是根据设计或工艺需要,在焊件待焊部位加工的一定几何形状的沟槽。

（2）开坡口的对接接头。开坡口就是用机械、火焰或电弧等方法加工坡口的过程。将接头开成一定角度称坡口角度,其目的是为了保证电弧能深入接头根部,使接头根部焊透,并便于清除熔渣获得较好的焊缝成形,而且坡口能起到调节焊缝金属中母材和填充金属的比例的作用。钝边(焊件开坡口时,沿焊件厚度方向未开坡口的端面部分)是为了防止烧穿,但钝边的尺寸要保证第一层焊缝能焊透。根部间隙(焊前在接头根部之间预留的空隙)也是为了保证接头根部能焊透。

对于板厚大于 6 mm 的钢板,为了保证焊透,焊前必须开坡口。坡口

形式分为如下几种:

① V 形坡口。钢板厚度为 7～40 mm 时采用 V 形坡口。V 形坡口有 V 形坡口、钝边 V 形坡口、单边 V 形坡口、钝边单边 V 形坡口四种,如图 4－3 所示。V 形坡口的特点是加工容易,但焊后焊件易产生角变形。

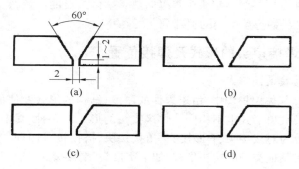

图 4－3 V 形坡口

(a) 钝边 V 形坡口;(b) V 形坡口;
(c) 钝边单边 V 形坡口;(d) 单边 V 形坡口

② X 形坡口。钢板厚度为 12～60 mm 时可采用 X 形坡口,也称双面 V 形坡口,如图 4－4 所示。X 形坡口与 V 形坡口相比较,在相同厚度下能减少焊接金属量约 1/2,焊件焊后变形和产生的内应力也小些。所以它主要用于大厚度以及要求变形较小的结构中。

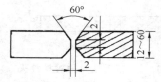

图 4－4 X 形坡口对接接头

③ U 形坡口。U 形坡口有 U 形坡口、单边 U 形坡口、双面 U 形坡口三种,如图 4－5 所示。当钢板厚度为 20～60 mm 时采用 U 形坡口,当钢板厚度为 40～60 mm 时采用双面 U 形坡口。

U 形坡口的特点是焊接金属量最少,焊件产生的变形也小,焊缝金属中母材金属占的比例也小。但这种坡口加工较困难,一般应用于较重要的焊接结构。

不同厚度的钢板对接焊接时,如果厚度差($\delta - \delta_1$)不超过表 4－1 的规定,则接头的基本形式与尺寸应按较厚板的尺寸数据选取。如果对接钢板的厚度差超过表 4－1 的规定,则应在较厚的板上作出单面(图 4－6a)或双面(图 4－6b)的削薄,其削薄长 $L \geqslant 3(\delta - \delta_1)$。

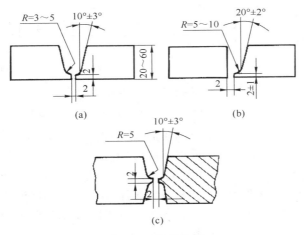

图 4-5　U 形坡口

（a）U 形坡口；（b）单边 U 形坡口；（c）双面 U 形坡口

表 4-1　不同厚度钢板对接的厚度差范围表　　（mm）

较薄板的厚度	≥2 ~ 5	>5 ~ 9	>9 ~ 12	>12
允许厚度	1	2	3	4

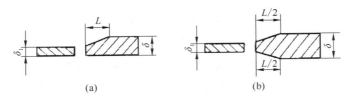

图 4-6　不同厚度板的对接

　　2）T 形接头　一焊件的端面与另一焊件表面构成直角或近似直角的接头,称为 T 形接头。T 形接头在焊接结构中被广泛采用,特别是在造船厂的船体结构中约 70% 的焊缝是这种接头形式。按照焊件厚度和坡口准备的不同,T 形接头可分不开坡口、单边 V 形坡口、K 形坡口以及双U 形坡口四种形式,如图 4-7 所示。

　　T 形接头作为一般联系焊缝,钢板厚度在 2 ~ 30 mm 时,可采用不开坡口,它不需要较精确的坡口准备。若 T 形接头的焊缝要求承受载荷,则

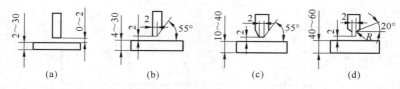

图 4-7 T 形接头

（a）不开坡口；（b）单边 V 形坡口；（c）K 形坡口；（d）双 U 形坡口

应按照钢板厚度和对结构强度的要求,可分别选用单边 V 形、K 形或双 U 形等坡口形式,使接头能焊透,保证接头强度。

3）角接接头 两焊件端面间构成大于 30°、小于 135°夹角的接头,称为角接接头。根据焊件厚度和坡口准备的不同,角接接头可分为不开坡口、单边 V 形坡口、V 形坡口及 K 形坡口四种形式,如图 4-8 所示,但开坡口的角接接头在一般结构中较少采用。

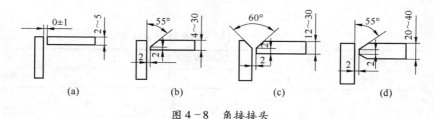

图 4-8 角接接头

（a）不开坡口；（b）单边 V 形坡口；（c）V 形坡口；（d）K 形坡口

4）搭接接头 两焊件部分重叠构成的接头称为搭接接头。搭接接头根据其结构形式和对强度的要求不同,可分为不开坡口、圆孔内塞焊以及长孔内角焊三种形式,如图 4-9 所示。

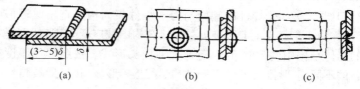

图 4-9 搭接接头

（a）不开坡口；（b）圆孔内塞焊；（c）长孔内角焊

不开坡口的搭接接头,一般用于 12 mm 以下钢板,其重叠部分为 3 ~ 5 倍的板厚,并采用双面焊接。这种接头的装配要求不高,也易于装配,但其承载能力低,所以只用在不重要的结构中。

当遇到重叠钢板的面积较大时,为了保证结构强度,可根据需要分别选用圆孔内塞焊和长孔内角焊的接头形式。这种形式特别适合于被焊结构狭小处以及密闭的焊接结构,圆孔和长孔的大小和数量要根据板厚和对结构的强度要求而定。

2. 焊接位置

焊接时焊件焊缝所处的空间位置称为焊接位置。焊接位置主要分为平焊位置、横焊位置、立焊位置和仰焊位置四种形式。

1)平焊缝 它是焊缝倾角在 0° ~ 10°、焊缝转角在 0° ~ 10°的平焊位置施焊的焊缝,如图 4 - 10a 所示。

2)横焊缝 它是焊缝倾角在 0° ~ 5°、焊缝转角在 70° ~ 90°的横焊位置施焊的焊缝,如图 4 - 10b 所示。

3)立焊缝 它是焊缝倾角在 80° ~ 90°、焊缝转角在 0° ~ 180°的立焊位置施焊的焊缝,如图 4 - 10c 所示。

4)仰焊缝 它是焊缝倾角在 0° ~ 15°、焊缝转角在 165° ~ 180°的仰焊位置施焊的焊缝,如图 4 - 10d 所示。

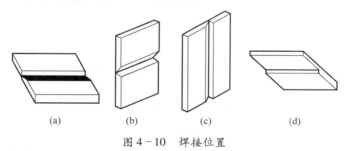

(a)　　　　　(b)　　　　　(c)　　　　　(d)

图 4 - 10　焊接位置

(a)平焊位置;(b)横焊位置;(c)立焊位置;(d)仰焊位置

三、焊缝符号的表示方法

在图样上标注焊接方法、焊缝形式和焊缝尺寸的符号称为焊缝代号。焊缝代号的国家标准为 GB/T 324—2008《焊缝符号表示方法》,标准等效采用国际标准 ISO2553—1984《焊缝在图样上的符号表示法》。完整的焊缝符号包括基本符号、指引线、补充符号、焊缝尺寸符号及数据等。基本符号和补充符号在图样上用粗实线绘制,指引线用细实线绘制。

1.焊缝符号及其组合形式

1)基本符号　基本符号是表示焊缝横截面的基本形式或特征,它采用近似于焊缝横截面的形状符号来表示,见表4-2。

表4-2　基本符号

序　号	名　称	示　意　图	符　号
1	卷边焊缝(卷边完全熔化)		 八
2	I形焊缝		‖
3	V形焊缝		V
4	单边V形焊缝		⊬
5	带钝边V形焊缝		Y
6	带钝边单边V形焊缝		Υ
7	带钝边U形焊缝		Y
8	带钝边J形焊缝		⊬
9	封底焊缝	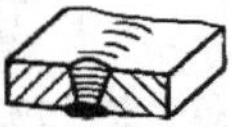	⌣
10	角焊缝		◣
11	塞焊缝或槽焊缝		⊓

（续表）

序　号	名　　称	示　意　图	符　　号
12	点焊缝		○
13	缝焊缝		⊖
14	陡边 V 形焊缝		⋁
15	陡边单 V 形焊缝		⋁
16	端焊缝		‖‖
17	堆焊缝		⌒⌒
18	平面连接（钎焊）		=
19	斜面连接（钎焊）		∥
20	折叠连接（钎焊）		⊇

　　2）基本符号的组合形式　标注双面焊焊缝或接头时,基本符号可以组合使用,见表4-3。基本符号的应用示例见表4-4。

表4-3　基本符号的组合形式

序号	名　　称	示意图	符　号
1	双面 V 形焊缝 （X 焊缝）		X
2	双面单 V 形焊缝 （K 焊缝）		K
3	带钝边的双面 V 形焊缝		X
4	带钝边的双面单 V 形焊缝		K
5	双面 U 形焊缝		X

表4-4　基本符号的应用示例

序号	符　号	示意图	标注示例
1	V		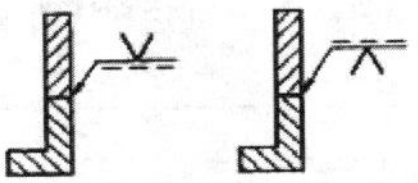
2	Y	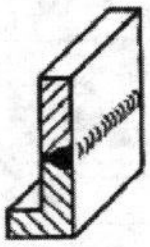	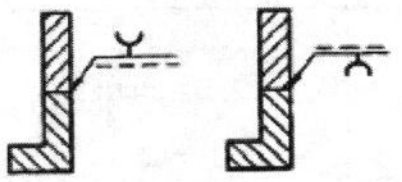
3	◺	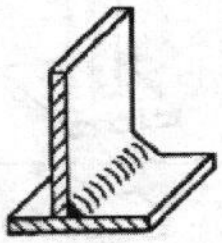	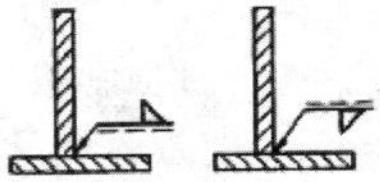
4	X	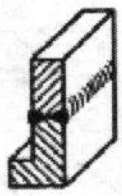	
5	K	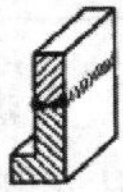	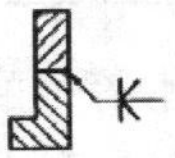

　　补充符号是为了补充说明焊缝或接头的某些特征(诸如表面形状、衬垫、焊缝分布、施焊地点等)而采用的符号,补充符号见表4-5。补充符号的应用示例见表4-6。补充符号的标注示例见表4-7。

表4-5　补充符号

序号	名　称	符　号	说　明
1	平面	⎯⎯	焊缝表面通常经过加工后平整
2	凹面	⌣	焊缝表面凹陷
3	凸面	⌢	焊缝表现凸起
4	圆滑过渡		焊趾处过渡圆滑
5	永久衬垫	M	衬垫永久保留
6	临时衬垫	MR	衬垫在焊接完成后拆除
7	三面焊缝	⊏	三面带有焊缝
8	周围焊缝	○	沿着工件周边施焊的焊缝 标注位置为基准线与箭头线的交点处
9	现场焊缝	▶	在现场焊接的焊缝
10	尾部	<	可以表示所需的信息

表4-6　补充符号应用示例

序号	名　称	示意图	符　号
1	平齐的 V 形焊缝		▽
2	凸起的双面 V 形焊缝		
3	凹陷的角焊缝		
4	平齐的 V 形焊缝和封底焊缝		
5	表面过渡平滑的角焊缝		

表4-7　补充符号标注示例

序 号	符 号	示 意 图	标 注 示 例
1			
2			
3			

2. 指引线

指引线一般由带有箭头的指引线（简称箭头线）和两条基准线（一条为实线，另一条为虚线）两部分组成，如图4-11所示。

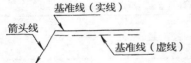

图4-11　指引线

3. 焊缝尺寸符号及其标注

必要时可在焊缝符号中标注尺寸，焊缝尺寸符号见表4-8。

表4-8　焊缝尺寸符号

符号	名 称	示 意 图	符号	名 称	示 意 图
δ	工件厚度		c	焊缝宽度	
α	坡口角度		K	焊脚尺寸	
β	坡口面角度		d	点焊:熔核直径 塞焊:孔径	

（续表）

符号	名　称	示　意　图	符号	名　称	示　意　图
b	根部间隙		n	焊缝段数	$n=2$
p	钝边		l	焊缝长度	l
R	根部半径	R	e	焊缝间距	e
H	坡口深度		N	相同焊缝数量	$N=3$
S	焊缝有效厚度	S	h	余高	

　　焊缝尺寸符号的标注方法,如图 4-12 所示。焊缝横向尺寸,标在基本符号的左侧;焊缝纵向尺寸,标在基本符号的右侧;坡口角度、坡口面角度、根部间隙等尺寸,标在基本符号的上侧或下侧;相同焊缝数量符号,标在尾部(国际标准 ISO2553 对相同焊缝数量及焊缝段数未作明确区分,均用 n 表示);当需要标注的尺寸较多又不易分辨时,可在尺寸数据前面标注相应的尺寸符号。当箭头线方向变化时,上述原则不变。

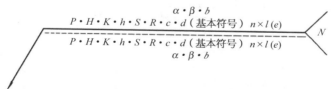

图 4-12　焊缝尺寸的标注方法

焊缝尺寸的标注示例见表 4-9。

表4-9 焊缝尺寸的标注示例

序号	名称	示 意 图	焊缝尺寸符号	示 例
1	对接焊缝		S:焊缝有效厚度	$^S\bigvee$ $^S\Vert$ $^S\curlyvee$
2	卷边焊缝		S:焊缝有效厚度	$^S\Vert$ $^S\bigwedge$
3	连续角焊缝		K:焊角尺寸	$^K\triangleright$
4	断续角焊缝		l:焊缝长度（不计弧坑） e:焊缝间距 n:焊缝段数	$^K\triangleright\ n\times l\ (e)$
5	交错断续角焊缝		$\left.\begin{array}{l}l\\e\\n\end{array}\right\}$见序号4 K:见序号3	$\begin{smallmatrix}K\\K\end{smallmatrix}\triangleright\ \begin{smallmatrix}n\times l\\n\times l\end{smallmatrix}\ \begin{smallmatrix}(e)\\(e)\end{smallmatrix}$

序号	名称	示　意　图	焊缝尺寸符号	示　例
6	塞焊缝或槽焊缝		$\left.\begin{array}{l}l\\e\\n\end{array}\right\}$见序号4 c:槽宽	c□ $n \times l$ (e)
			$\left.\begin{array}{l}n\\e\end{array}\right\}$见序号4 d:孔的直径	d□ $n \times (e)$
7	缝焊缝		$\left.\begin{array}{l}l\\e\\n\end{array}\right\}$见序号4 c:焊缝宽度	c⊖ $n \times l(e)$
8	点焊缝		n:见序号4 e:间距 d:焊点直径	d○ $n \times (e)$

第二节　常用坡口形式

一、坡口形式

　　根据设计或工艺需要,将焊件的待焊部位加工成一定的几何形状,经装配后形成的沟槽称为坡口。利用机械、火焰、电弧等方法加工坡口的过程称为开坡口,开坡口使电弧能深入坡口根部,保证根部焊透,便于清除焊渣获得较好的焊缝成形,还能调节焊缝金属中母材和填充金属的比例。

　　坡口形式应根据结构形式、焊件厚度和技术要求选用,最常见的坡口形式有Ⅰ形、Ⅴ形、双Ⅴ形、双Ⅴ形带钝边、双U形带钝边等。选择坡口形式时,在保证焊件焊透的前提下,应考虑坡口的形状容易加工、焊接生产率高和焊后工件的变形尽可能小等因素。双面坡口比单面坡口、U形坡口比 V 形坡口消耗的焊条少,焊后产生的变形小,但 U 形坡口加工较困难,一般只用于较重要的结构。

CO_2 气体保护焊使用的电流密度较大,因此在焊接坡口的角度较小、钝边较大的情况下也能焊透;又由于焊枪喷嘴直径较焊条直径粗得多,因此焊厚板采用的 U 形坡口的圆弧半径较大,才能保证根部焊透。CO_2 气体保护焊推荐使用的坡口形式及尺寸可以参考有关机械工业的指导性技术文件。

二、坡口加工方法

利用机械(剪切、刨削和车削)、火焰或电弧(碳弧气刨)等加工坡口的过程称为开坡口。坡口的加工可以采用多种方法进行,根据焊接时构件的尺寸、形状与加工条件的不同,主要有以下几种常用的加工方法:

1）刨床加工　各种形式的直坡口都可采用边缘刨床或牛头刨床加工。

2）铣床加工　V 形坡口、Y 形坡口、双 Y 形坡口、I 形坡口的长度不大时,在高速铣床上加工是比较好的。

3）数控气割或半自动气割可割出 I 形、V 形、Y 形、双 V 形坡

图 4-13　角向磨光机

口,通常培训时使用的单 V 形坡口试板都是用半自动气割机割出来的,没有钝边,割好的试板用角向磨光机(图 4-13)打磨一下就能使用。

4）手工加工　如果没有加工设备,可用手工气割、角向磨光机、电磨头(图 4-14)、风动工具(图 4-15)或锉刀加工坡口。

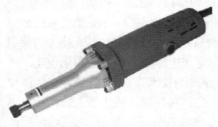

图 4-14　电磨头

图 4-15　常用的电动风铲

5）车床加工 管子端面的坡口及管板上的孔,通常都在车床上进行加工。

6）钻床加工 只能加工管板上的孔,由于孔较大,必须使用大型钻床进行钻孔。

7）管子坡口专用机床加工 管子端面上的坡口(图4-16)可在专用设备上加工,十分方便。图4-17就是目前使用最多的两种气动管子坡口机。

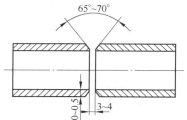

图4-16 管子坡口形式

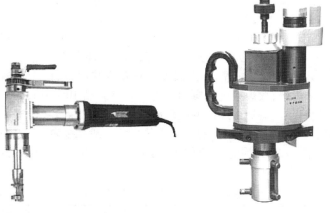

图4-17 气动管子坡口机

目前无缝钢管件焊接坡口的加工大多采用端面铣削或车削(只有大管径时才采用磨削)。加工时,刀具与工件之间相对转动,且回转中心距保持一定。对于已经加工好的坡口边缘上的油、锈、水垢等污物在焊接前应进行清理和铲除,以便在焊接时获得较好的焊缝质量。有时还要用除油剂(如汽油、丙酮和四氯化碳等)进行必要的清洗。

三、定位焊缝

焊前为固定焊件的相对位置,以保证整个结构件得到正确的几何形状和尺寸而进行的焊接操作称为定位焊,俗称点固焊。定位焊形成都比较短小,焊接过程中都不去掉,而成为正式焊缝的部分保留在焊缝中,因此定位焊缝的质量好坏、位置、长度和高度等是否合适,将直接影响正式焊缝的质量及焊件的变形。根据经验,生产中发生的一些重大质量事故,如结构变形大、出现未焊透及裂纹等缺陷,往往是定位焊不合格造成的,因此对定位焊必须引起足够的重视。对所用的焊条及焊工操作技术熟练程度的要求,应与正式焊缝完全一样,甚至应更高些。当发现定位焊缝有缺陷时,应该铲掉或打磨掉并重新焊接,不允许留在焊缝内。

进行定位焊缝的焊接时应注意以下几点:

(1)必须按照焊接工艺规定的要求焊接定位焊缝。采用与正式焊缝工艺规定的同牌号、同规格的焊条,用相同的焊接工艺参数施焊;若工艺规定焊前需预热,焊后需缓冷,则定位焊缝焊前也要预热,焊后也要缓冷。预热温度与正式焊接时相同。

(2)定位焊缝的引弧和收弧端应圆滑不应过陡,防止焊缝接头时两端焊不透。定位焊缝必须保证熔合良好,焊道不能太高。

(3)定位焊为间断焊,工件温度较正常焊接时低,由于热量不足而容易产生未焊透,故焊接电流应用比正式焊接时高10%～15%。定位焊后必须尽快焊接,避免中途停顿或存放时间过长。

(4)定位焊缝的长度、余高、间距等尺寸一般可按表4-10选用。但在个别对保证焊件尺寸起重要作用的部位,可适当增加定位焊的焊缝尺寸和数量。

表4-10　定位焊缝的参考尺寸　　　　　　　（mm）

焊件厚度	焊缝余高	焊缝长度	焊缝间距
≤4	<4	5～10	50～100
4～12	3～6	10～20	100～200
>12	～6	15～30	200～300

(5)定位焊缝不能焊在焊缝交叉处或焊缝方向发生急剧变化的地方,通常至少应离开这些地方50 mm才能焊定位焊缝。

(6)为防止焊接过程中工件裂开,应尽量避免强制装配。若经强行组装的结构,其定位焊缝长度应根据具体情况加大,并减少定位焊缝的时间。

(7)在低温下焊接时定位焊缝易开裂,为了防止开裂,应尽量避免强行组装后进行定位焊;定位焊缝长度应适当加大;而且特别注意定位焊后应尽快进行焊接并焊完所有接缝,避免中途停顿和长时间闲置。定位焊采用的电流一般要比普通焊接时的电流大10%～15%。

第三节 二氧化碳气体保护焊焊接工艺参数

CO_2气体保护焊时,合理地选择焊接参数是保证焊缝质量、提高生产效率的重要条件。CO_2气体保护焊焊接的主要参数包括焊丝直径、焊接电流、电弧电压、焊接速度、焊丝伸出长度、电源极性、气体流量、焊枪倾角、电弧对中位置、喷嘴高度等。

一、焊丝直径

焊丝直径越大,允许使用的焊接电流就越大,通常根据焊件的厚薄、施焊位置及效率等要求来选择。焊接薄板或中厚板的立、横、仰焊缝时,多采用直径 1.6 mm 以下的焊丝。在具体的焊接过程中,焊丝直径的选择可参考表 4 - 11。焊丝直径对熔深的影响如图 4 - 18 所示。

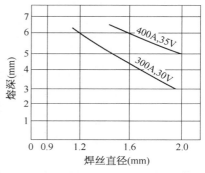

图 4 - 18 焊丝直径对熔深的影响

表 4 - 11 焊丝直径的选择

焊丝直径(mm)	焊件厚度(mm)	施焊位置	熔滴过渡形式
0.8	1 ~ 3	各种位置	短路过渡
1.0	1.5 ~ 6	各种位置	短路过渡
1.2	2 ~ 12 中厚	各种位置	短路过渡
		平焊、平角焊	细颗粒过渡
1.6	6 ~ 25 中厚	各种位置	短路过渡
		平焊、平角焊	细颗粒过渡
2.0	中厚	平焊、平角焊	细颗粒过渡

焊接电流相同时,熔深随着焊丝直径的减小而增加。焊丝直径对焊丝的熔化速度也有明显的影响。当电流相同时,焊丝越细熔敷速度越高。目前,普遍采用的焊丝直径是 0.8 mm、1.0 mm、1.2 mm 和 1.6 mm 等。直径为 3 ~ 4.5 mm 的粗丝当前也在一些焊接位置开始投入使用。

二、焊接电流

焊接电流是 CO_2 气体保护焊重要焊接参数之一,应根据焊件厚度、材质、焊丝直径、施焊位置及要求的熔滴过渡形式来选择焊接电流的大小。焊丝直径与焊接电流的关系见表 4-12。每种直径的焊丝都有一个合适的电流范围,只有在这个范围内焊接过程才能保持稳定进行。通常直径 $\phi 0.8 \sim \phi 1.6$ mm 的焊丝,短路过渡的焊接电流为 40~230 A;细颗粒过渡的焊接电流为 250~500 A。

表 4-12　焊丝直径与焊接电流的关系

焊丝直径(mm)	焊接电流(A)
0.6	40~100
0.8	50~160
0.9	70~210
1.0	80~250
1.2	110~350
1.6	≥300

当电源外特性不变时,改变送丝速度,此时电弧电压几乎不变,焊接电流发生变化,送丝速度越快,焊接电流越大。在相同的送丝速度下,随着焊丝直径的增大,焊接电流也增大。焊接电流的变化对熔池深度有决定性影响,随着焊接电流的增大,熔深显著增加,熔宽略有增加,如图 4-19 所示。焊接电流对熔敷速度及熔深的影响,如图 4-20 和图 4-21 所示。

由图可见,随着焊接电流的增大,熔敷速度和熔深都会增大。但是应该注意,焊接电流过大时,容易引起烧穿、焊漏和产生裂纹等缺陷,且焊件的变形大,焊接过程中飞溅很大;而焊接电流过小时,容易产生未焊透、未熔合和夹渣等

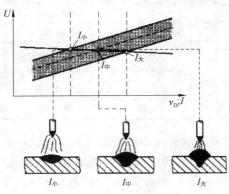

图 4-19　焊接电流对焊缝成形的影响

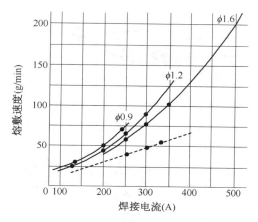

图 4－20 焊接电流对熔敷速度的影响

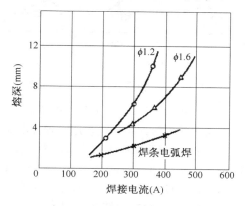

图 4－21 焊接电流对熔深的影响

缺陷以及焊缝成形不良。通常在保证焊透、成形良好的条件下,尽可能地采用大的焊接电流,以提高生产效率。

三、电弧电压

电弧电压也是 CO_2 气体保护焊中重要的焊接参数之一。送丝速度不变时,调节电源外特性,此时焊接电流几乎不变,弧长将发生变化,电弧电压也会变化。电弧电压对焊缝成形的影响如图 4－22 所示。

随着电弧电压的增加,熔宽明显增加,熔深和余高略有减小,焊缝成

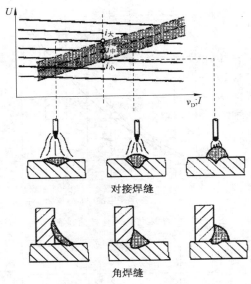

图 4-22　电弧电压对焊缝成形的影响

U—电弧电压；v_D—送丝速度；I—焊接电流

形较好,但焊缝金属的氧化和飞溅增加,力学性能降低。为保证焊缝成形良好,电弧电压必须与焊接电流配合适当。通常焊接电流小时,电弧电压较低;焊接电流大时,电弧电压较高,这种关系称为匹配。在焊接打底层焊缝或空间位置焊缝时,常采用短路过渡方式,在立焊和仰焊时,电弧电压应略低于平焊位置,以保证短路过渡过程稳定。短路过渡时,熔滴在短路状态一滴一滴地过渡,熔池较黏,短路频率为 5~100 Hz。电弧电压增加时,短路频率降低。短路过渡方式下,电弧电压和焊接电流的关系如图 4-23 所示。通常情况下电弧电压为 17~24 V。

　　由图 4-23 可见,随着焊接电流的增大,电弧电压也增大。电弧电压过高或过低对焊缝成形、飞溅、气孔及电弧的稳定性都有不利的影响。应注意焊接电压与电弧电压是两个不同的概念,不能混淆。电弧电压是在导电嘴与焊件间测得的电压;而焊接电压则是电焊机上电压表显示的电压,它是电弧电压与焊机和焊件间连接电缆线上的电压降之和。显然焊接电压比电弧电压高,但对于同一台焊机来说,当电缆长度和截面不变时,它们之间的差值是很容易计算出来的,特别是当电缆较短、截面较粗

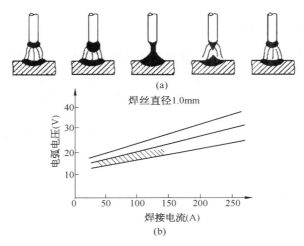

图 4 - 23　短路过渡时电弧电压与焊接电流的关系

（a）示意图；（b）关系曲线图

时,由于电缆上的压降很小,可用焊接电压代替电弧电压;若电缆很长、截面又小,则电缆上的电压降不能忽略,在这种情况下,若用焊机电压表上读出的焊接电压替代电弧电压将产生很大的误差。严格地说,焊机电压表上读出的电压是焊接电压,不是电弧电压。如果想知道电弧电压,可按下式进行计算:

电弧电压 = 焊接电压 - 修正电压

修正电压可从表 4 - 13 中查得。

表 4 - 13　修正电压与电缆长度的关系　　　　　　（V）

焊接电流（A） 电缆长度（m）	100	200	300	400	500
10	约 1	约 1.5	约 1.0	约 1.5	约 2.0
15	约 1	约 2.5	约 2.0	约 2.5	约 3
20	约 1.5	约 3.0	约 2.5	约 3.0	约 4
25	约 2	约 4.0	约 3.0	约 4.0	约 5

注:此表是通过计算得出的,计算条件如下:焊接电流小于等于 200 A 时,采用截面积为 38 mm² 的导线;焊接电流大于等于 300 A 时,采用截面积为 60 mm² 的导线。当焊枪的线长度超过 25 m 时,应根据实际长度修正焊接电压。

四、焊接速度

焊接速度也是 CO_2 气体保护焊的重要焊接参数之一。焊接时电弧将熔化金属吹开,在电弧下形成一个凹坑,随后将熔化的焊丝金属填充进去,如果焊接速度太快,这个凹坑不能完全被填满,将产生咬边、下陷等缺陷;相反,若焊接速度过慢,熔敷金属堆积在电弧下方,使熔深减小,将产生焊道不匀、未熔合、未焊透等缺陷。焊接速度对焊缝成形的影响如图4-24 所示。

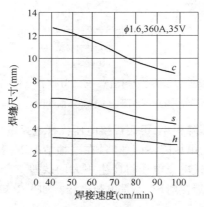

图 4-24　焊接速度对焊缝成形的影响

c—熔宽;h—余高;s—熔深

由图4-24 可见,在焊丝直径、焊接电流、电弧电压不变的条件下,焊接速度增加时,熔宽与熔深都减小。如果焊接速度过高,除产生咬边、未焊透、未熔合等缺陷外,由于保护效果变坏,还可能会出现气孔;若焊接速度过低,除降低生产率外,焊接变形将会增大。一般半自动焊时,焊接速度在 5~60 m/h 范围内。

五、焊丝伸出长度

焊丝伸出长度是指从导电嘴端部到焊丝端头间的距离(图4-25),又称干伸长。保持焊丝伸出长度不变是保证焊接过程稳定的基本条件之一。这是因为 CO_2 气体保护焊采用的电流密度较高,焊丝伸出长度越大,焊丝的预热作用越强;反之亦然。预热作用的强弱还将影响焊接参数和焊接质量。当送丝速度不变时,若焊丝伸出长度增加,因预热作用强,焊丝熔化快,电弧电压高,使焊接电流减小,熔滴与熔池温度降低,将造成热量不足,容易引起未焊透、未熔合等缺陷。相反,若焊丝伸出长度减小,将使熔滴与熔池温度提高,在全位置焊时可能会引起熔池铁液的流失。

预热作用的大小还与焊丝的电阻率、焊接电流和焊丝直径有关。对于不同直径、不同材料的焊丝,允许使用的焊丝伸出长度是不同的,实际操作时可参考表4-14进行选择。

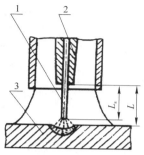

图4-25 焊丝伸出长度

1—焊丝;2—导电嘴;3—母材;

L_s—焊丝伸出长度;

L—导电嘴至母材的距离

表4-14 焊丝伸出长度的允许值 (mm)

焊丝直径	焊丝牌号	H08Mn2Si	H06Cr19Ni9Ti
0.8		6~12	5~9
1.0		7~13	6~11
1.2		8~15	7~12

焊丝伸出长度过小,妨碍焊接时对电弧的观察,影响操作;还容易因导电嘴过热夹住焊丝,甚至烧毁导电嘴,破坏焊接过程的正常进行。焊丝伸出长度太大时,因焊丝端头摆动,电弧位置变化较大,保护效果变差,使焊缝成形不好,容易产生焊接缺陷。焊丝伸出长度对焊缝成形的影响如图4-26所示。

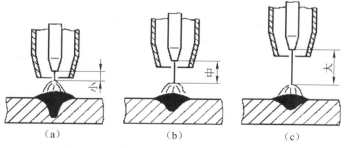

（a）　　　　　（b）　　　　　（c）

图4-26 焊丝伸出长度对焊缝成形的影响

焊丝伸出长度小时,电阻预热作用小,电弧功率大、熔深大、飞溅少;伸出长度大时,电阻对焊丝的预热作用强,电弧功率小、熔深浅、飞溅多。焊丝伸出长度不是独立的焊接参数,通常焊工根据焊接电流和保护气流量确定喷嘴高度的同时,焊丝伸出长度也就确定了。

六、电源极性

CO_2 气体保护焊通常都采用直流反接(反极性):焊件接阴极,焊丝接阳极。焊接过程稳定、飞溅小、熔深大。直流正接时(正极性),焊件接阳极,焊丝接阴极,在焊接电流相同时,焊丝熔化快(其熔化速度是反极性的 1.6 倍),熔深较浅,余高大,稀释率较小,但飞溅较大。因此,根据这些焊接特点,正极性主要用于堆焊、铸铁补焊及大电流高速 CO_2 气体保护焊。

七、气体流量

CO_2 气体流量应根据对焊接区的保护效果来选取。接头形式、焊接电流、电弧电压、焊接速度及作业条件对流量都有影响。流量过大或过小都将影响保护效果,容易产生焊接缺陷。通常细丝焊接时,流量为 5 ~ 15 L/min;粗丝焊接时,约为 20 L/min。焊接时一定要纠正"保护气流量越大保护效果越好"这个错误观念。保护效果并不是流量越大越好。当保护气流量超过临界值时,从喷嘴中喷出的保护气会由层流变成紊流,会将空气卷入保护区,降低保护效果,使焊缝中出现气孔,增加合金元素的烧损。

八、焊枪倾角

焊接过程中焊枪轴线和焊缝轴线之间的夹角,称为焊枪的倾斜角度,简称焊枪倾角。焊枪倾角是不容忽视的因素。当焊枪倾角在 $80° \sim 110°$ 时,不论是前倾还是后倾,对焊接过程及焊缝成形都没有明显的影响。但倾角过大(如前倾角 $\alpha > 115°$)时,将增大熔宽并减小熔深,还会增加飞溅。焊枪倾角对焊缝成形的影响如图 4 - 27 所示。

由图 4 - 27 可以看出,当焊枪与焊件成后倾角时(电弧始终指向已焊部分),焊缝窄,余高大,熔深较大,焊缝成形不好;当焊枪与焊件成前倾角时(电弧始终指向待焊部分),焊缝宽,余高小,熔深较浅,焊缝成形好。

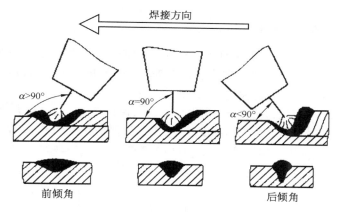

图 4－27　焊枪倾角对焊缝成形的影响

通常焊工都习惯用右手持焊枪,采用左焊法时(从右向左焊接)焊枪采用前倾角,不仅可得到较好的焊缝成形,而且能够清楚地观察和控制熔池。因此 CO_2 气体保护焊时,通常都采用左焊法。

九、电弧对中位置

在焊缝的垂直横截面内,焊枪的轴线和焊缝表面的交点称电弧对中位置,如图 4－28 所示,在焊缝横截面内,焊枪轴线与焊缝表面的夹角 β 和电弧对中位置,决定电弧功率在坡口两侧的分配比例。当电弧对中位置在坡口中心时,若 $\beta < 90°$,A 侧的热量多;若 $\beta = 90°$,A、B 两侧的热量相等;若 $\beta > 90°$,B 侧的热量多。为了保证坡口两侧熔合良好,必须选择合适的电弧对中位置和 β。电弧对中位置是电弧的摆动中心,应根据焊接位置处的坡口宽度选择焊道的数目、对中位置和摆幅的大小。

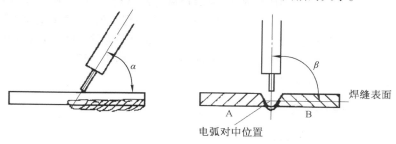

图 4－28　电弧对中位置

十、喷嘴高度

焊接过程中喷嘴下表面和熔池表面的距离称为喷嘴高度,它是影响保护效果、生产效率和操作的重要因素。喷嘴高度越大,观察熔池越方便,需要保护的范围越大,焊丝伸出长度越大,焊接电流对焊丝的预热作用越大,焊丝熔化越快,焊丝端部摆动越大,保护气流的扰动越大,因此要求保护气的流量越大;喷嘴高度越小,需要的保护气流量越小,焊丝伸出长度越短。通常根据焊接电流的大小参考图 4-29 选择喷嘴高度。

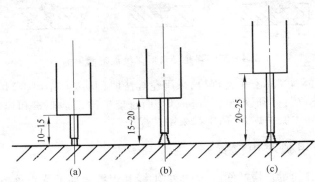

图 4-29 喷嘴与焊件间距离与焊接电流的关系

(a) ≤200 A;(b) 200~350 A;(c) 350~500 A

第四节 二氧化碳气体保护焊基本操作技术

CO_2 气体保护焊的质量是由焊接过程的稳定性决定的。而焊接过程的稳定性,除通过调节设备选择合适的焊接参数保证外,更主要的是取决于焊工实际操作的技术水平。因此每个焊工都必须熟悉 CO_2 气体保护焊的注意事项,掌握基本操作手法,才能根据不同的实际情况,灵活地运用这些技能,获得满意的焊接效果。

一、操作注意事项

1. 选择正确的持枪姿势

由于 CO_2 气体保护焊焊枪比焊条电弧焊的焊钳重,焊枪后面又拖了一根沉重的送丝导管(图4-30),因此焊接是较累的,为了能长时间坚持生产,每个焊工应根据焊接位置,选择正确的持枪姿势。采用正确的持枪姿势,既不感到太累,又能长时间稳定地进行焊接。

正确的持枪姿势应满足以下条件:

(1)操作时用身体的某个部位承担焊枪的重量,通常手臂都处于自然状态,手腕能灵活带动焊枪平移或转动(图4-31),不感到太累。

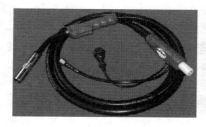

图4-30 焊枪和送丝导管

图4-31 手腕能灵活带动焊枪

(2)焊接过程中,软管电缆最小的曲率半径应大于300 mm,焊接时可随意拖动焊枪。

(3)焊接过程中,要维持焊枪倾角不变,还要能清楚、方便地观察到熔池。

(4)将送丝机放在合适的地方,保证焊枪能在需要焊接的范围内自由移动。

图4-32为焊接不同位置焊缝时的正确持枪姿势。

(a) (b) (c) (d) (e)

图4-32 正确的持枪姿势

(a)蹲位平焊;(b)坐位平焊;(c)立位平焊;(d)站立立焊;(e)站立仰焊

2. 控制好焊枪与焊件的相对位置

CO_2气体保护焊及所有熔化极气体保护焊过程中,控制好焊枪与焊件的相对位置,不仅可以控制焊缝成形,还可以调节熔深,对保证焊接质量有特别重要的意义。所谓控制好焊枪与焊件的相对位置,主要包括以下三方面内容:控制好喷嘴高度、焊枪的倾斜角度、电弧的对中位置和摆幅。

1) 控制好喷嘴高度　在保护气流量不变的情况下,喷嘴高度越大,保护效果就越差。

若焊接电流和电弧电压都已经调整好,此时送丝速度和电源外特性曲线也都调整好,这种情况称为给定情况(下同)。实际的生产过程都是这种情况。开始焊接前,焊工都预先调整好焊接参数,焊接时焊工很少再调节这些参数,但操作过程中,随着坡口钝边、装配间隙的变化,需要调节焊接电流。在给定情况下,可通过改变喷嘴高度、焊枪倾角等方法,来调整焊接电流和电弧功率分配等,以控制熔深和焊接质量,这个调整的过程有着很现实的实际意义。

这种操作方法的原理是:通过控制电弧的弧长,改变电弧静特性曲线的位置,改变电弧稳定燃烧工作点,达到改变焊接电流的目的。弧长增加时,电弧的静特性曲线左移,电弧稳定燃烧的工作点左移,焊接电流减小,电弧电压稍提高,电弧功率减小,熔深减小;弧长降低时,电弧的静特性曲线右移,电弧稳定燃烧的工作点右移,焊接电流增加,电弧电压稍降低,电弧功率增加,熔深增加。

由此可见,在给定情况下,焊接过程中通过改变喷嘴高度,不仅可以改变焊丝伸出长度,而且还可以改变电弧的弧长。随着弧长的变化,可以改变电弧静特性曲线的位置、电弧稳定燃烧的工作点、焊接电流、电弧电压和电弧功率,达到控制熔深的目的。

若喷嘴高度增加,焊丝伸出长度和电弧会变长,焊接电流减小,电弧电压稍提高,热输入减小,熔深减小;若喷嘴高度降低,焊丝伸出长度和电弧会变短,焊接电流增加,电弧电压稍降低,热输入增加,则熔深变大。

由此可见,在给定情况下,除了可以改变焊接速度外,还可以用改变喷嘴高度的办法调整熔深。在焊接过程中,若发现局部间隙太小、钝边太大的情况,可适当降低焊接速度,或降低喷嘴高度,或同时降低两者增加熔深,保证焊透;若发现局部间隙太大、钝边太小时,可适当提高焊接速度,或提高喷嘴高度,或同时提高两者。

2) 控制好焊枪的倾斜角度　焊枪的倾斜角度不仅可以改变电弧功率和熔滴过渡的推力在水平和垂直方向的分配比例,还可以控制熔深和焊缝形状。

由于气体保护焊及熔化极气体保护焊的电流密度比焊条电弧焊大得

多(一般情况下大 20 倍以上),电弧的能量密度大。因此,改变焊枪倾角对熔深的影响比焊条电弧焊大得多。

具体的实践操作时还需注意以下几个问题:

(1) 由于前倾焊时,电弧永远指向待焊区,预热作用强,焊缝宽而浅,成形较好。因此 CO_2 气体保护焊及熔化极气体保护焊都采用左焊法,自右向左焊接。平焊、平角焊、横焊都采用左焊法。立焊则采用自下向上焊接。仰焊时为了充分利用电弧的轴向推力促进熔滴过渡,采用右焊法。

(2) 前倾焊时(即左焊法时)$\alpha > 90°$,α 角越大,熔深越浅;后倾焊时(即右焊法时)$\alpha < 90°$,α 角越小,熔深越浅。

3) 控制好电弧的对中位置和摆幅 电弧的对中位置实际上是摆动中心,它与接头形式、焊道的层数和位置有关。具体要求如下:

(1) 对接接头电弧的对中位置和摆幅。

① 单层单道焊与多层单道焊。当焊件较薄、坡口宽度较窄、每层焊缝只有一条焊道时,电弧的对中位置是间隙的中心,电弧的摆幅较小,摆幅以熔池边缘和坡口边缘相切最好,此时焊道表面稍下凹,焊趾处为圆弧过渡最好,如图 4-33a 所示;若摆幅过大,坡口内侧咬边,容易引起夹渣,如图 4-33b 所示。

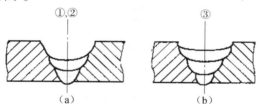

图 4-33 每层一条焊道时电弧的对中位置和摆幅

(a) 摆幅合适;(b) 摆幅太大两侧咬边

最后一层填充层焊道表面比焊件表面低 1.5～2.0 mm,不准熔化坡口表面的棱边。焊盖面层时,焊枪摆幅可稍大,保证熔池边缘超过坡口棱边每侧 0.5～1.5 mm,如图 4-34 所示。

② 多层多道焊。多层多道焊时,应根据每层焊道的数目确定电弧的对中位

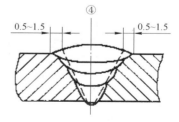

图 4-34 盖面层焊道的摆幅

置和摆幅。如果每层有两条焊道时，电弧的对中位置和摆幅如图 4－35 所示；如果每层三条焊道时，电弧的对中位置和摆幅如图 4－36 所示。

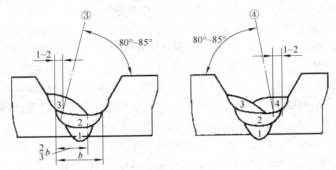

图 4－35　每层两条焊道时电弧的对中位置和摆幅

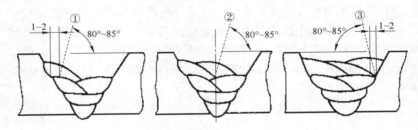

图 4－36　每层三条焊道时电弧的对中位置和摆幅

（2）T 形接头角焊缝电弧的对中位置和摆幅。电弧的对中位置和摆幅对顶角处的焊透情况及焊脚的对称性影响极大。

① 焊脚尺寸 $K \leqslant 5$ mm，单层单道焊时，电弧对准顶角处，如图 4－36 所示，焊枪不摆动。

② 焊脚尺寸 $K = 6 \sim 8$ mm，单层单道焊时，电弧的对中位置如图 4－38 所示。

③ 焊脚尺寸 $K = 10 \sim 12$ mm，两层三道焊时，电弧的对中位置如图 4－39 所示。

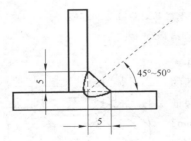

图 4－37　$K \leqslant 5$ mm 时电弧的对中位置

（焊丝直径 1.2 mm，焊接电流 200～250 A，电弧电压 24～26 V）

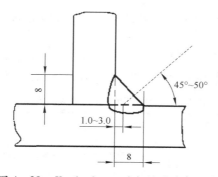

图 4 - 38 $K = 6 \sim 8$ mm 时电弧的对中位置

（焊丝直径 1.2 mm，焊接电流 260 ~ 300 A，电弧电压 26 ~ 32 V）

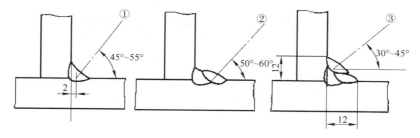

图 4 - 39 $K = 10 \sim 12$ mm 时电弧的对中位置

④ 焊脚尺寸 $K = 12 \sim 14$ mm，两层四道焊时，电弧的对中位置如图 4 - 40 所示。

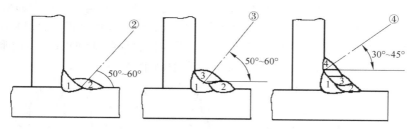

图 4 - 40 $K = 12 \sim 14$ mm 时电弧的对中位置

3. 保持焊枪匀速向前移动

整个焊接过程中，必须保持焊枪匀速前移，才能获得满意的焊缝；通常焊工应根据焊接电流的大小、熔池的形状、焊件熔合情况、装配间隙、钝边大小等情况,调整焊枪向前移动速度,力争匀速前进。

4. 保持摆幅一致的横向摆动

像焊条电弧焊一样,为了控制焊缝的宽度和保证熔合质量,CO_2气体保护焊焊枪也要作横向摆动。焊枪的摆动形式及应用范围见表4-15。

表4-15　焊枪的摆动形式及应用范围

摆 动 形 式	应 用 范 围
（直线箭头）	直线运动,焊枪不摆动 薄板及中厚板打底焊缝
（小幅锯齿形、月牙形）	小幅度锯齿形或月牙形摆动 坡口小时及中厚板打底层焊缝
（大幅锯齿形、月牙形）	大幅度锯齿形或月牙形摆动 焊厚板第二层以后的横向摆动
（圈形）	填角焊或多层焊时的第一层
（三角形 3 1 2）	主要用于向上立焊要求长焊缝时,三角形摆动
⑧　⑥⑦④⑤②③　①	往复直线运动,焊枪不摆动 焊薄板根部有间隙、坡口有钢垫板或施工物时

为了减少热输入,减小热影响区,减小变形,通常不希望采用大的横向摆动来获得宽焊缝,提倡采用多层多道窄焊道来焊接厚板,当坡口小时,如焊接打底层焊缝时,可采用锯齿形较小的横向摆动,如图4-41所示。当坡口大时,可采用弯月形的横向摆动,如图4-42所示。

两侧停留0.5s左右

图4-41　锯齿形横向摆动

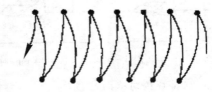

两侧停留0.5s左右

图4-42　弯月形横向摆动

二、基本操作技术

与手工焊条电弧焊相同,CO_2气体保护焊的基本操作技术也是引弧、收弧、接头、焊枪摆动等。由于没有焊条送进运动,焊接过程中只需控制弧长,并根据熔池情况摆动和移动焊枪,因此CO_2气体保护焊操作比手工焊条电弧焊容易掌握。

CO_2气体保护焊不仅要熟悉其工艺,还要对焊接参数对焊缝成形的影响有很深的了解,焊接参数的调整方法,很多都是理性的东西,进行基本操作之前,每个操作者都应调好相应的焊接参数,并通过训练不断地积累经验,并能根据试焊结果逐步判断焊接参数是否适应焊接的需求。

1. 引弧

CO_2气体保护焊与手工焊条电弧焊引弧的方法稍有不同,不采用直击法或划擦法引弧(图4-43),主要是碰撞引弧,但引弧时不能抬起焊枪。具体操作步骤如下:

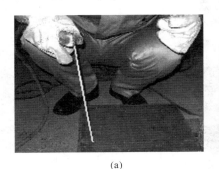 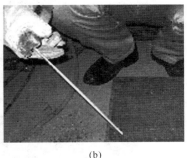

(a)　　　　　　　　　　　　　　(b)

图4-43　手工焊条电弧焊引弧的方法

(a) 直击法;(b) 划擦法

(1) 引弧前先按遥控盒上的点动开关或焊枪上的控制开关(图4-44),点动送出一段焊丝,焊丝伸出长度小于喷嘴与工件间应保持的距离,超长部分应剪去,如图4-45所示。若焊丝的端部呈球状,必须预先剪去,否则引弧困难。

(2) 将焊枪按要求(保持合适的倾角和喷嘴高度)放在引弧处,注意

 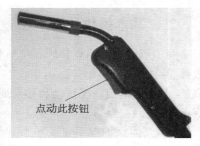

图4-44　引弧前点动送出焊丝

 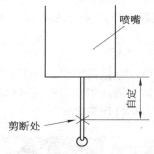

图4-45　引弧前剪去超长的焊丝

此时焊丝端部与焊件未接触。喷嘴高度由焊接电流决定,如图4-46所示,如果开始训练时操作不熟练,最好双手持枪(图4-47)。

 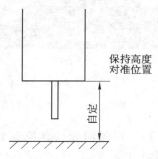

图4-46　准备引弧对准引弧的位置

　　(3)按焊枪上的控制开关,焊机自动提前送气,延时接通电源,保持高电压、慢送丝的状态,当焊丝碰撞焊件引起短路后,自动引燃电弧。短

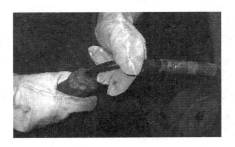

图4-47 双手把持焊枪

路时,焊枪有自动顶起的倾向,如图4-48所示,因此,引弧时要稍用力向下压住焊枪,防止因焊接短路时焊枪抬起太高、电弧太长而熄灭。

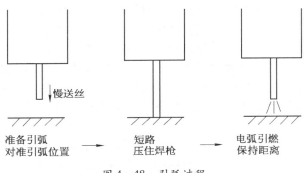

图4-48 引弧过程

2. 焊接

引燃电弧后,通常都采用左焊法,焊接过程中,操作者的主要任务是保持焊枪合适的倾角、电弧对中位置和喷嘴高度,沿焊接方向尽可能地均匀移动。当坡口较宽时,为保证两侧熔合好,焊枪还要作横向摆动。操作者必须能够根据焊接过程,正确判断焊接参数是否合适。像焊条电弧焊一样,操作者主要依靠在焊接中仔细观察熔池情况、坡口面熔化和熔合情况、电弧的稳定性、飞溅的大小以及焊缝成形的好坏来选择焊接参数。

当焊丝直径不变时,实际上使用的焊接参数只有两组:其中一组的焊接参数用来焊薄板、空间焊缝或打底层焊道;另一组的焊接参数用来焊中厚板填充层或盖面层焊道。下面讨论这两组焊接参数在焊接过程中的特点。

1）焊薄板、空间焊缝或打底层焊道的焊接参数 这组焊接参数的特点是焊接电流较小,电弧电压较低。在这种情况下,由于弧长小于熔滴自由成形时的熔滴直径,频繁地引起短路,熔滴为短路过渡,焊接过程中可观察到周期性的短路。电弧引燃后,在电弧热的作用下,熔池和焊丝都熔化,焊丝端头形成熔滴,并不断地长大,弧长变短,电弧电压降低,最后熔滴与熔池发生短路,电弧熄灭,电压急剧下降,短路电流逐渐增大,在电磁收缩力的作用下,短路熔滴形成缩颈并不断变细,当短路电流达到一定值后,细颈断开,电弧又重新引燃,如此不断地重复。这就是短路过渡的全过程,具体如图1-13所示。

保证短路过渡的关键是电弧电压必须与焊接电流匹配,对于直径0.8 mm、1.0 mm、1.2 mm、1.6 mm的焊丝,短路过渡时的电弧电压在20 V左右。采用多元控制系统的焊机进行焊接时,要特别注意电弧电压的配合。采用一元化控制的焊机进行焊接时,如果选用小电流,控制系统会自动选择合适的低电压,只需根据焊缝成形稍加修正,就能保证短路过渡。值得注意的是,采用短路过渡方式进行焊接时,若焊接参数合适,主要是焊接电流与电弧电压配合好,则焊接过程中电弧稳定,可观察到周期性的短路,可听到均匀的、周期性的"啪啪"声,熔池平稳,飞溅较小,焊缝成形也好。

如果电弧电压太高,熔滴短路过渡频率降低,电弧功率增大,容易烧穿,甚至熄弧。若电压太低,可能在熔滴很小时就引起短路,焊丝未熔化部分插入熔池后产生固体短路,在短路电流作用下, 这段焊丝突然爆断,使气体突然膨胀,从而冲击熔池,产生严重的飞溅,破坏焊接过程。

2）焊中厚板填充层或盖面层焊道的焊接参数 这组焊接参数的焊接电流和电弧电压都较大,但焊接电流小于引起喷射过渡的临界电流,由于电弧功率较大,焊丝熔化较快,填充效率高,焊缝长肉快。实际上使用的是半短路过渡或小颗粒过渡,熔滴较细,过渡频率较高,飞溅小,电弧较平稳,操作过程中应根据坡口两侧的熔合情况掌握焊枪的摆动幅度和焊接速度,防止咬边和未熔合。

3. 焊缝的收弧

焊接结束前必须收弧,若收弧不当容易产生弧坑,并出现弧坑裂纹(火口裂纹)、气孔等缺陷。操作时可以采取以下措施:

（1）CO_2气体保护焊机有弧坑控制电路,焊枪在收弧处应停止前进,同时接通此电路,焊接电流与电弧电压自动变小,待熔池填满时断电。

（2）如果 CO_2 气体保护焊机没有弧坑控制电路,或因焊接电流小没有使用弧坑控制电路时,在收弧处焊枪停止前进,并在熔池没有凝固时,反复断弧、引弧几次,直至弧坑填满为止。操作时动作要快,若熔池已凝固才引弧,则可能产生未熔合及气孔等缺陷。

不论采用哪种方法收弧,操作时需特别注意,收弧时焊枪除停止前进外,不能抬高喷嘴,即使弧坑已填满、电弧已熄灭,也要让焊枪在弧坑处停留几秒钟后才能移开,因为灭弧后,控制线路仍保证延迟送气一段时间,以保证熔池凝固时能得到可靠的保护,若收弧时抬高焊枪,则容易因保护不良引起焊接缺陷。

4. 焊缝的接头

CO_2 气体保护焊不可避免地要接头,为保证接头质量,建议按下述步骤进行操作:

（1）将待焊接头处用角向磨光机打磨成斜面,如图 4-49 所示。

图 4-49 焊缝接头处的准备

（2）在斜面顶部引弧,引燃电弧后,将电弧移至斜面底部,转一圈返回引弧处后再继续向左焊接,如图 4-50 所示。

值得注意的是,这个操作很重要,引燃电弧后向斜面底部移动时,要注意观察熔孔,若没有形成熔孔,则接头处背面焊不透;若熔孔太小,则接头处背面产生缩颈;若熔孔太大,则背面焊缝太宽或焊漏。

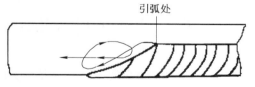

图 4-50 接头处的引弧操作

5. 定位焊

由于 CO_2 气体保护焊时热量较焊条电弧焊大,因此要求定位焊缝有足够的强度。通常定位焊缝都不磨掉,仍保留在焊缝中,焊接过程中很难全部重熔,因此应保证定位焊缝的质量,定位焊缝既要熔合好,其余高又不能太高,还不能有缺陷,要求操作者像正式焊接那样焊接定位焊缝。定位焊缝的长度和间距应符合下述规定:

（1）中厚板对接时的定位焊缝如图4-51所示。焊件两端应装引弧板、引出板。

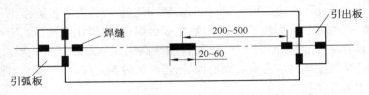

图4-51　中厚板对接时的定位焊缝

（2）薄板对接时的定位焊缝如图4-52所示。焊工进行实际操作考试时,更要注意试板上的定位焊缝,具体要求还需要在每个考试项目中作详细的规定。

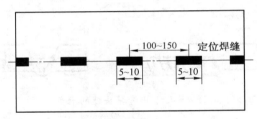

图4-52　薄板对接时的定位焊缝

第五节　二氧化碳气体保护焊常见缺陷和故障

CO_2气体保护焊常见缺陷主要是由于操作不当引起的。CO_2气体保护焊常见故障有很多方面,主要包括设备机械部分调整不当和磨损引起的故障。

一、操作缺陷

CO_2气体保护焊的操作缺陷有很多,主要包括气孔和未焊透。

1. 气孔

CO_2气体保护焊开始前,必须正确地调整好保护气体的流量,使保护气体能均匀地、充分地保护好焊接熔池,防止空气渗入。如果保护不良,将使焊缝中产生气孔。引起保护不良的主要原因有以下几个方面:

1) CO_2气体纯度低 CO_2气体含水或含氮气较多,特别是含水量太高时,整条焊缝上都会有大小不同的气孔。

2) 水冷式焊枪漏水 在焊接的很多特殊地方需要采用水冷式焊枪,但是焊枪里面又有漏水的现象,所以,焊接过程中就最容易产生气孔。

3) 没有保护气体 焊接前由于疏忽根本就没有开启 CO_2 气瓶上的高压阀或预热器没有接通电源,就开始焊接。造成焊接时因没有保护气,整条焊缝上都是气孔。

4) 风速过大 在保护气流量合适的情况下,因天气和焊接环境的影响造成风速较大,使保护气体无法正常实现保护的额定范围,保护气体被快速的风力吹离了熔池,没有在焊缝的周围形成有效的最大保护,甚至没有保护作用,引起焊接时的气孔,如图 4-53 所示。

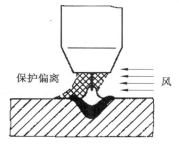

图 4-53 风对保护气体的影响

5) 气体流量不合适 CO_2 保护气体流量太小时,保护的范围也随之减小,因保护范围的减小,不能完整可靠地保护焊接熔池(图 4-54a);但是 CO_2 保护气体流量也不能太大,流量太大会产生涡流,将空气也卷入保护区内

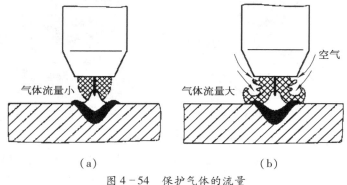

(a)   (b)

图 4-54 保护气体的流量

（图 4 - 54b），造成保护的失效。因此气体流量的不适宜，都会使焊缝中产生气孔。

6）喷嘴被飞溅堵塞　CO_2 保护气体焊时可能产生不同程度的飞溅，当飞溅过多时就会堵塞气口，造成气体流量的衰减，保护的区域变小，如图 4 - 55 所示。因此，焊接过程中，喷射到喷嘴上的飞溅如果不及时去除，就会导致保护气产生涡流，也会吸入空气，使焊缝产生气孔。所以，焊接过程中必须经常地清除喷嘴上的飞溅，并防止损坏喷嘴内圆的表面粗糙度。为便于清除飞溅，焊前最好在喷嘴的内、外表面喷一层防飞溅喷剂或刷一层硅油。

防飞溅喷剂是一种高科技的水基润滑剂，焊前在喷嘴的内、外表面喷一层形成一层薄膜，防止焊接时飞溅物黏附在金属表面，焊接后易清洁。在焊接过程中，可以起到保护焊接嘴、焊接表面和防止焊嘴黏合的作用。其主要特点为防止焊渣黏合和烧伤金属表面，防止焊枪积碳、无闪点和火点、不燃烧特别配方，适合各种烧焊不含硅、无油性黏膜材料，烧焊后无需打磨、敲击、磨平，焊渣容易清除，方便二次加工，无需溶剂型清洗剂。常用的防飞溅喷剂如图 4 - 56 所示。

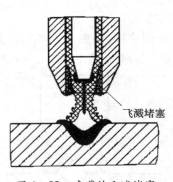

飞溅堵塞

图 4 - 55　喷嘴被飞溅堵塞

图 4 - 56　防飞溅喷剂

防飞溅硅油是一种性能独特的有机硅非离子表面活性剂，在制作时可获得性能各异的各种有机硅表面活性剂，以满足防止焊接飞溅的需要。该产品的特点是表面张力更低、柔软特性更好及很强的抗静电性能，适于防止焊接飞溅。图4-57是桶装防飞溅硅油。

7）焊枪倾角太大　焊接时如果焊枪的倾角太大（图4-58），也会吸入空气，使焊缝中产生气孔。

图4-57　桶装防飞溅硅油

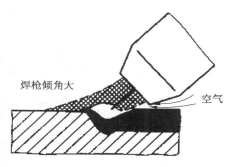

图4-58　焊枪倾角太大

8）焊丝伸出长度太大或喷嘴太高　焊接时由于焊丝伸出长度太大或喷嘴高度太大时，保护气体的保护效果不好，容易引起气孔，如图4-58所示。

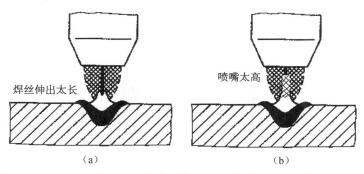

（a）　　　　　　　　　　　（b）

图4-59　焊丝伸出太长和喷嘴太高

9）弹簧软管内孔堵塞　弹簧软管内孔被氧化皮或其他脏物堵塞，其前半段密封塑胶管破裂或进丝嘴处的密封圈漏气，保护气从焊枪的进口处外泄，使喷嘴处的保护气流量减小，这也是产生气孔的重要原因之一。在这种情况下，往往能听到送丝机焊枪的连接处有漏气的"嘶嘶"声，通常在整条焊缝上都有气孔，焊接时还可看到熔池中有冒气泡的现象。

另外,焊接区域内的油、锈或氧化皮太厚、未清理干净,也是焊缝产生气孔的原因。

2. 未焊透

1)坡口加工或装配不当 焊接前的坡口加工也是焊接很重要的组成部分。如果坡口角太小、钝边太大、间隙太小、错边量太大,都会引起未焊透缺陷,如图4-60所示。为防止未熔合,坡口角度以40°~60°为宜。

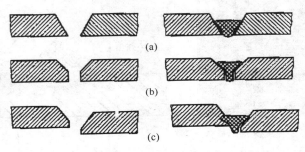

图4-60 坡口加工或装配不当引起的未焊透

(a)坡口角太小;(b)钝边太大或间隙太小;(c)错边量太大

2)打底层焊道不好 焊接时,由于打底层焊道凸起太高,容易引起未熔合,如图4-61所示。因此焊接打底层时应控制焊枪的摆动幅度,保证打底层焊道与两侧坡口面要熔合好,焊缝表面下凹,两侧不能有沟槽,才能覆盖好上层焊缝。

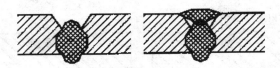

图4-61 打底层焊道引起的未焊透

3)焊缝接头不好 接头处如果未修磨,或引弧不当,接头处极易产生未熔合,如图4-62所示。为保证焊缝接好头,要求焊接时将接头处打磨成斜面,在最高处引弧,并连续焊下去。

4)焊接参数不合适 平焊时焊接速度太小,焊接电流过大,使熔敷系数太大或焊枪的倾角 α 太大都会引起未焊透,如图4-63所示。所以,焊接过程中为了防止未焊透,必须根据熔合情况调整焊接速度,保证电弧位于熔池前部。

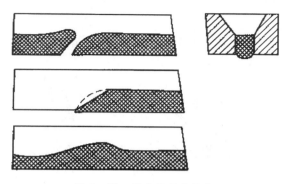

图 4-62 接头处的未熔合

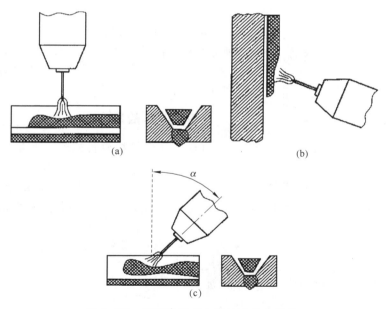

图 4-63 焊接参数不合适造成的未焊透
（a）平焊时焊速太大或熔敷系数过大；（b）向下立焊时未焊透；
（c）焊枪前倾角太大

5）电弧位置不对 焊接时焊枪电弧没有对准坡口中心,焊枪摆动时电弧偏向坡口的一侧,电弧在坡口面上的停留时间太短,都会引起未焊透,如图 4-64 所示。

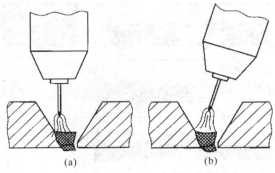

图4-64 电弧位置不对引起的未焊透

（a）电弧没有对中；（b）焊枪偏向坡口一侧

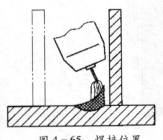

图4-65 焊接位置
限制引起的未焊透

6）焊接位置限制　焊接过程中，由于焊接件的结构限制，使电弧无法形成对中或达不到坡口的边缘，也会导致未焊透的现象产生，如图4-65所示。

二、设备故障

CO_2气体保护焊设备故障主要是由于设备机械部分的磨损和使用时调整不当引起的。故障的主要部位多发生在焊丝盘、送丝轮的V形槽、压紧轮、进丝嘴、弹簧软管、导电嘴、焊枪软管、喷嘴和地线的连接上。

1）焊丝盘　焊丝盘的故障主要是焊丝容易松落，送丝电动机有过载现象、送丝不均匀、电弧不稳定，焊丝很容易就被粘在导电嘴上，如图4-66所示。焊丝容易松落的故障原因是焊丝盘制动太松；送丝电动机有过载现象的故障原因是焊丝盘制动轴太紧导致焊丝不能正常输出。

2）送丝轮的V形槽　送丝轮的V形槽的故障主要是送丝速

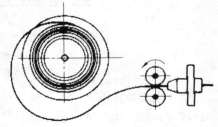

图4-66　焊丝盘故障

度的不均匀和焊丝在输送的时候产生变形,有时还可能有送丝困难的现象产生,如图4-67所示。产生这种故障的原因是送丝轮的V形槽已经磨损或V形槽本身就太大,另外V形槽如果太小就造成焊丝因挤压而变形甚至无法正常输出焊丝,导致送丝困难。

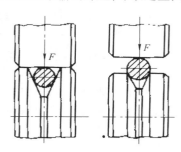

图4-67　送丝轮的V形槽故障　　　图4-68　压紧轮故障

3)压紧轮　压紧轮的故障主要表现在焊丝送进时的变形、送丝困难、焊丝嘴磨损较快,有时也会送丝不均匀,如图4-68所示。产生这种故障的主要原因是压紧轮的压力过大或过小。压力过大时焊丝输出空间变小,焊丝受到压力而变形,变形后的焊丝无法进行正常的输出,导致焊丝嘴磨损的速度加快;压力小,输出焊丝的动力不够,焊丝的送进时快时慢,送丝速度不均匀。

4)进丝嘴　进丝嘴的故障主要表现在焊丝容易打弯曲、焊丝送进不畅通,焊丝的摩擦阻力大、送丝受到阻碍,如图4-69所示。产生这种故障的主要原因是进丝嘴的孔口太大,或者进丝嘴与送丝轮之间的距离太大,焊丝在输送

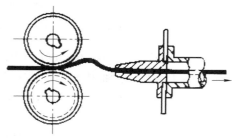

图4-69　进丝嘴故障

的过程中有活动的空间。但是进丝嘴过小时,又会使焊丝与嘴孔的摩擦阻力增加,造成焊丝送进受到阻力。

5)弹簧软管　弹簧软管的故障主要表现在焊丝容易打弯、送丝有时受阻。这是软管的内径太大造成的,太大后焊丝的游动间隙加大,所以焊丝容易打弯。摩擦阻力大、送丝受阻也是其中的故障,原因是软管的内

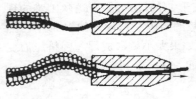

图 4-70 弹簧软管故障

径太小或有脏物堵住了,要进行及时的清理。送丝不畅的原因是软管太短,焊丝无法伸张而运行不自由造成的;焊丝过长也会导致焊丝的摩擦阻力增大,引起送丝困难甚至受阻,如图 4-70 所示。

6)导电嘴 当长期的焊接导致导电嘴磨损或本身孔径的增大,就会造成焊丝与导电嘴的接触点经常变化,以至于电弧不稳定,使得焊接时焊缝不直;如果导电嘴的孔径过小,就会增大焊丝与孔壁的摩擦,使焊丝在送进过程中不通畅,严重时导致焊缝产生夹铜,如图 4-71 所示。

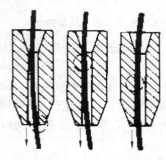

图 4-71 导电嘴故障

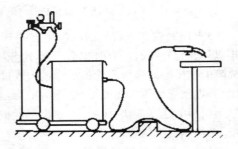

图 4-72 焊枪软管故障

7)焊枪软管 如果焊枪软管的弯曲半径太小,就会使焊丝在软管中前进的摩擦阻力增加,焊丝的正常送进受到阻碍,有时会导致速度不均匀或焊丝根本无法送出,如图 4-72 所示。

8)喷嘴 焊接过程中如果飞溅过大,导致飞溅堵死了喷嘴,就会造成气体的保护效果不良,极易使焊缝产生气孔,焊接时的电弧不稳定也不均匀;如果喷嘴有了松动的现象,就会在焊接时有空气的吸入,气体的保护效果也会变差,导致焊接时产生气孔,如图 4-73 所示。

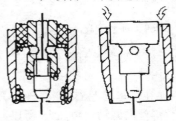

图 4-73 喷嘴故障

9)地线的连接 如果焊接时地线

有松动或与焊件接触处有明显的锈迹,导致接触电阻增大,无法进行引弧,或勉强引弧后电弧的燃烧也不稳定,如图 4-74 所示,这时应该使焊机接地(工件)充分良好。

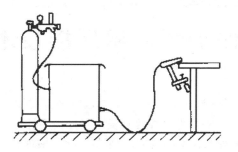

图 4-74　地线的连接故障

　　CO_2 气体保护焊设备的故障要在不断的焊接实战经验中积累和总结,只要通过长时间的实践操作训练,就能熟练把握设备的故障原因并及时进行排除。

第五章　二氧化碳气体保护焊通用焊接技术

CO_2气体保护焊通用焊接技术主要包括平板对接、管板焊接和管子对接等方面,其中,平敷焊是焊接平板对接接头平焊、立焊、横焊、仰焊的单面焊双面成形焊接技术的基础,而平焊、立焊、横焊、仰焊又是焊接管板接头和管子接头的基础。特别是平板对接平焊是每个焊工的必考项目,通过培训应掌握引弧、接头、收弧、持枪姿势、持枪角度、电弧对中位置、焊枪摆动、控制熔孔大小等一系列的操作技术,并认真总结经验,体会单面焊双面成形的操作要领。

第一节　板对接平焊

板对接平焊的操作主要包括平敷焊基本操作和平板对接平焊、立焊、横焊、仰焊的单面焊双面成形焊接技术的操作。相对而言,平敷焊是很容易掌握的基础操作,而平板对接是在平敷焊的基础上要求更高的焊接操作技术,是比较好掌握的,它是掌握空间各种位置焊接技术的保障,也是锅炉压力容器、压力管道焊工应具备的基本焊接技术,是焊接取证实际考试的必考项目,焊工无论是初试或是复试都必须考平板对接平焊试板,有的部门甚至规定了这个项目考试不合格者不发给焊工合格证。因此,在培训过程中应体会并掌握操作要领,熟练掌握单面焊双面成形的操作技能。

一、平敷焊

平敷焊是CO_2气体保护焊的焊接基础,是一项很容易掌握的焊接技能,只有在平敷焊的基础上才能进行其他的焊接操作,因此,平敷焊要熟练掌握。

1．焊件的准备

1）焊件的备料　板料一块（或两块），材料为 Q235A 钢，板件的尺寸为 300 mm × 120 mm × 12 mm，如图 5 - 1 所示。如是在一块板上进行训练，还要在板料上沿着长度的方向每隔 30 mm 左右用石笔画一条线，作为焊接训练时的运条轨迹，如图 5 - 2 所示。

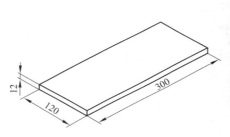

图 5 - 1　焊件的备料

2）焊件的矫平　用目测的方法先观察焊件是否在下料的过程中有变形的可能存在（图 5 - 3），如果发现焊件已经变形，就要对其进行矫正，矫正时可以用手锤在平整的工作台上进行对比的矫正，也可以在台虎钳上对变形的部位直接进行锤击（图 5 - 4），达到矫正的目的。

图 5 - 2　焊件的画线

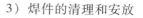

图 5 - 3　观察焊件是否变形

图 5 - 4　矫正变形的部位

3）焊件的清理和安放

（1）焊件的清理。焊件经过矫正后,就要进行清理了。用清理工具（如钢丝刷、砂布、锉刀或角向磨光机等）清理焊件正反两面各 20 mm 范围内的油污、铁锈、水分或其他污染物（图 5-5）,并露出金属本身的光泽。

图 5-5　工件的清理

（2）焊件的安放。工件按照焊接要求画好线后,平放在焊接支架上,并把焊接搭铁线（地线）连接在工件或支架上;焊枪要放在工件的旁边,不要与工件相接触,以免造成焊机误启动后的短路。

2. 焊接材料

焊接时选择 H08Mn2SiA 焊丝,焊丝直径为 1.0 mm,焊丝使用前要对焊丝表面进行清理。CO_2 气体纯度要求达到 99.5% 。

3. 焊接设备

采用半自动 CO_2 气体保护焊机进行焊接。

4. 操作过程

1）焊接参数　可参考表 5-1 进行选择。

表 5-1　平敷焊时的焊接参数

焊丝牌号及直径(mm)	焊接电流(A)	电弧电压(V)	焊接速度(m/h)	CO_2 气体流量(L/min)
H08Mn2SiA ϕ1.0	130~140	22~24	18~30	10~12

2）焊接操作　选择好焊接参数就要进行焊机参数的设置,焊机参数的设置是平敷焊的关键,一般情况下焊接参数选定后,焊接开始后是不再更改的。当准备工作确定完成后,合上电源开关启动焊机。平敷焊时一般采用蹲式,身体与焊件的距离要求比较近,这样有利于焊接时的操作和对焊接情况进行观测,两脚成 70°~80°的夹角,两脚的间距在 250 mm 左右。

（1）引弧。焊接姿势和位置找准后,用单手（或双手）持焊枪,手持焊枪的胳膊可以依托在弯曲的膝腿上（也可以悬空无依托）。将焊丝对准画线的开始端,焊丝头部距离焊件端部约 10 mm,立即用面罩遮住全部的面部准备引燃电弧。

① 引弧是焊接的开始,采用直接短路法引弧,引弧前保持焊丝端部与焊件 2~3 mm 的距离（不要接触过近）,喷嘴与焊件间 10~15 mm 的距

离(图5-6)。

② 按动焊枪开关,引燃电弧。此时焊枪因短路有抬起的趋势,必须用均衡的力来控制好焊枪,将焊枪向下压,尽量减少焊枪回弹的冲击,保持喷嘴与焊件间的合适焊接距离(图5-7)。如果是两块工件的对接平敷焊,就要采用引弧

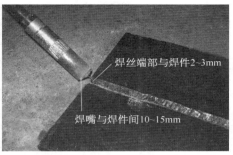

焊丝端部与焊件2~3mm

焊嘴与焊件间10~15mm

图5-6　引弧前焊丝、焊嘴距焊件的位置

保持喷枪与焊件的距离

（a）

引燃电弧进行焊接

（b）

图5-7　引燃电弧保持住焊枪距离

板进行引弧(图5-8),或者是在距离工件端部2~4 mm的地方引弧,然后再缓缓引向待焊接的部位,当焊缝金属熔合后,就可以按正常的焊接速度施焊。

（2）直线焊接。直线焊接形成的焊缝宽度稍窄,焊缝偏高,熔深较浅,如图5-9所示。在操作过程中,整条焊缝的形成往往在始焊端、焊缝的连接、终焊端等处最容易产生缺陷,所以要采取以下特殊处理措施。

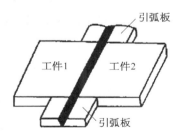

引弧板

工件1　工件2

引弧板

图5-8　采用引弧板引弧

① 始焊端焊件处于较低的温度,应在引弧之后,先将电弧稍微拉长一些,以此对焊缝端部进行适当的预热,然后再压低电弧进行起始端焊接(图

图 5 - 9　直线焊接形成的焊缝

5 - 10a、b），这样可以获得具有一定熔深和成形比较整齐的焊缝，如图 5 - 10c 所示为采取过短的电弧起焊而造成焊缝成形不整齐。若是重要焊件的焊接，可在焊件端加引弧板，将引弧时容易出现的缺陷留在引弧板上。

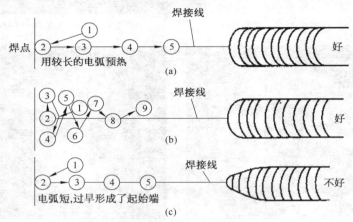

图 5 - 10　起始端运条法对焊缝成形的影响

（a）长弧预热起焊的直线焊接；（b）长弧预热起焊的摆动焊接；（c）短弧起焊的直线焊接

②焊缝接头连接时接头的好坏直接影响焊缝质量，其接头的处理如图 5 - 11 所示。

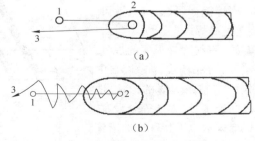

图 5 - 11　焊缝接头连接的方法

（a）直线焊缝连接；（b）摆动焊缝连接

直线焊缝连接的方法是:在原熔池前方 10 ~ 20 mm 处引弧,然后迅速将电弧引向原熔池中心,待熔化金属与原熔池边缘吻合后,再将电弧引向前方,使焊丝保持一定的高度和角度,并以稳定的速度向前移动,如图5-11a 所示。摆动焊缝连接的方法是:在原熔池前方 10 ~ 20 mm 处引弧,然后以直线方式将电弧引向接头处,在接头中心开始摆动,并在向前移动的同时,逐渐加大摆幅(保持形成的焊缝与原焊缝宽度相同),最后转入正常焊接,如图 5-11b 所示。

③ 焊缝终焊端若出现过深的弧坑,会使焊缝收尾处产生裂纹和缩孔等缺陷。若采用细丝 CO_2 保护气体短路过渡焊接,电弧长度短,弧坑较小,不需专门处理,若采用直径大于 1.6 mm 的粗丝大电流进行焊接并使用长弧喷射过渡,弧坑较大且凹坑较深。所以,在收弧时,如果焊机没有电流衰减装置,应采用多次断续引弧方式填充弧坑,直至将弧坑填平。

直线焊接焊枪的运动方向有两种:一种是焊枪自右向左移动,称为左焊法;另一种是焊枪自左向右移动,称为右焊法,如图 5-12 所示。

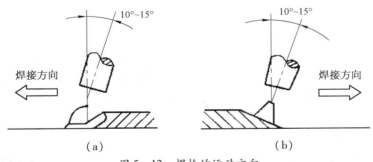

（a）   （b）

图 5-12 焊枪的运动方向

（a）左焊法;（b）右焊法

a. 左焊法。左焊法操作时,电弧的吹力作用在熔池及其前沿处,将熔池金属向前推延。由于电弧不直接作用在母材上,因此熔深较浅,焊道平坦且变宽,飞溅较大,保护效果好。采用左焊法虽然观察熔池困难些,但易于掌握焊接方向,不易焊偏。

b. 右焊法。右焊法操作时,电弧直接作用到母材上,熔深较大,焊道窄而高,飞溅略小,但不易准确掌握焊接方向,容易焊偏,尤其对接焊时更加明显。

所以,一般 CO_2 气体保护焊均采用左焊法,前倾角为 10° ~ 15°。

（3）摆动焊接。在半自动 CO_2 气体保护焊时，为了获得较宽的焊缝，往往采用横向摆动运动方式，常用的摆动方式有锯齿形、月牙形、正三角形、斜圆圈形等几种，如图 5-13 所示。摆动焊接时横向摆动运丝角度和起始端的运丝要领与直线焊接一样。在横向摆动运动时要注意以下要领的掌握：

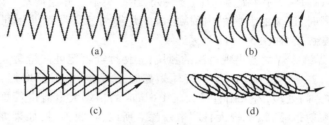

图 5-13　焊枪的几种摆动方式

（a）锯齿形；（b）月牙形；（c）正三角形；（d）斜圆圈形

① 左右摆动的幅度要一致，摆动到焊缝中心时，速度应稍快，而到两侧时，要稍作停顿。

② 摆动的幅度不能过大，否则，熔池温度高的部分不能得到良好的保护，一般摆动幅度限制在喷嘴内径的 1.5 倍范围内。

（4）焊缝清理。焊缝清理是焊接完成后很必要的一个环节，如果是采用药芯焊丝进行的焊接，更要做好焊缝的清理。具体方法是用敲渣锤从焊缝侧面敲击熔渣使之脱落。为了防止灼热的熔渣烧伤脸部皮肤，可用焊接面罩遮挡住熔渣（图 5-14a），焊缝两侧飞溅物可用錾子进行清理（图 5-14b）。

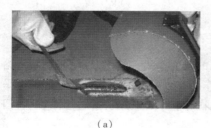　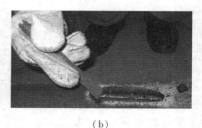

（a）　　　　　　　　　　　　　　（b）

图 5-14　熔渣和焊缝的清理

5. 焊接要求和标准

CO_2 气体保护平敷焊的焊接要求和标准见表 5-2。

表5-2　CO_2气体保护平敷焊的焊接要求和标准

焊　接　项　目		焊接要求和标准
焊缝外观检查	焊缝长度	280～300 mm
	焊缝宽度	14～18 mm
	焊缝高度	1～3 mm
	焊缝成形	要求波纹细腻、均匀、光滑
	平　直　度	要求基本平直、整齐
	起焊熔合	要求起焊饱满熔合效果好
	弧　　坑	无
	接　　头	要求不脱节、不凸高
	夹渣或气孔	缺陷尺寸≤3 mm

二、平板对接平焊

开V形坡口的平板对接焊是在平敷焊的基础上加深的焊接技术，也是焊接操作者必须熟练掌握的焊接基本技术，平板对接平焊的操作姿势如图5-15所示。

当焊件的厚度超过6～8 mm时，由于焊接电弧的热量较难深入到焊件的根部，必须开单V形坡口或双V形坡口，采用多层焊或多层多道焊（图5-16），才能使焊接达到更高的技术要求。

图5-15　平板对接平焊操作姿势

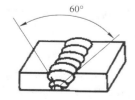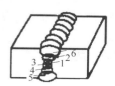

图5-16　V形和双V形的多层焊

开单 V 形坡口的平焊打底层焊道时,熔池的形状如图 5 - 17 所示。从横剖面看,熔池上大下小,主要靠熔池背面液态金属表面张力的向上分力维持平衡,支持熔融金属不下漏。因此,操作者必须根据装配间隙及焊接过程中焊件的升温情况的变化,适当灵活调整焊枪角度、摆动幅度和焊接速度,尽可能地维持熔孔直径不变,保持获得平直均匀的背面焊道。因此,必须认真、仔细地观察焊接过程中的情况,并不断地总结经验,才能熟练掌握和提高单面焊双面成形的操作技术。

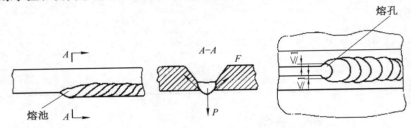

图 5 - 17　打底层焊道与熔池

F—表面张力；P—重力

1. 焊前准备

V 形坡口的对接平焊焊前准备主要包括工件、焊丝、CO_2 气体、焊机和辅助工具的准备等。

1）工件　工件采用适合于焊接的低碳钢板两块,其尺寸标准为 300 mm × 100 mm × 12mm。如果没有 12 mm 厚的钢板,也可以选择10 mm 左右的钢板代替进行训练。

2）焊丝和 CO_2 气体　焊接时选择 H08Mn2SiA 焊丝,焊丝直径为 1.0 mm,焊丝使用前要对焊丝表面进行清理；CO_2 气体纯度要求达到 99.5%。

3）焊机和辅助工具　采用半自动 CO_2 气体保护焊机进行焊接。主要辅助工具包括清理焊件用的钢丝刷,整理焊件用的錾子、锉刀、磨光机及焊接过程中使用的敲渣锤等。

2. 焊接特点

由于 V 形坡口的对接平焊需要在坡口内进行多层焊,所以有很大的焊接难度,焊接的重点就在根部的打底,操作不当很容易产生烧穿、夹渣等焊接缺陷。每一层之间也会出现夹渣、未熔合、气孔等缺陷。因此,V

形坡口的对接平焊的焊前应特别注意焊接工艺参数的选择和正确的操作方法。

需要注意的是,工件的装配点固时要预留 2.5 mm 的间隙,有利于焊件的焊透。在对焊件两端进行点固时,焊点长应在 10 mm 左右(如果是中厚度的板在 15 ~ 50 mm),而且点焊缝不宜过高,如图 5－18 所示;另外,为了防止焊接完成后的变形,应对焊件装配时留有 1°~ 2°的反变形量,如图 5－19 所示。

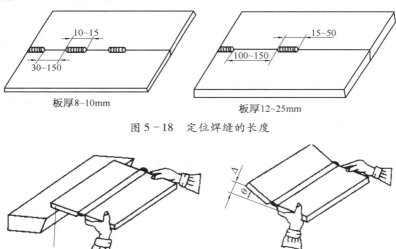

图 5－18　定位焊缝的长度

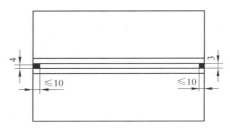

（a）　　　　　　　　（b）

图 5－19　预留反变形量

3. 操作过程

1）装配及定位焊　板厚为 12 mm 的工件装配间隙及定位焊如图 5－20

图 5－20　板厚为 12 mm 的工件装配及定位焊

所示,工件的反变形量大小可参考图 5-21 所示的方法进行。

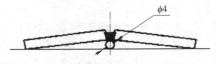

图 5-21　板厚为 12 mm 对接平焊反变形

2）焊接参数　板厚为 12 mm 的对接平焊焊接参数可以参考表 5-3 进行选择。这里推荐两组常用的参数仅供焊接时参考。第一组参数用 ϕ1.2 mm 焊丝,焊接时比较难掌握,但适用性较好;第二组用 ϕ1.0 mm 焊丝,比较容易掌握,但是因 ϕ1.0 mm 焊丝应用不是十分普遍,所以适用性很差,使用受到限制。

表 5-3　板厚为 12 mm 的对接平焊焊接参数

组别	焊接层次位置	焊丝直径（mm）	焊丝伸出长度（mm）	焊接电流（A）	电弧电压（V）	气体流量（L/min）	层数
第一组	打底层 填充层 盖面层	1.2	20~25	90~110 220~240 230~250	18~20 24~26 25	10~15 20 20	3
第二组	打底层 填充层 盖面层	1.0	15~20	90~95 110~120 110~120	18~20 20~22 20~22	10	3

3）焊接要领

（1）焊枪角度与焊法。焊接时采用左焊法,焊接层次为三层三道,对接平焊的焊枪角度与电弧对中位置如图 5-22 所示。

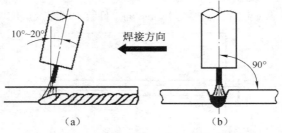

（a）　　　　　　　　　（b）

图 5-22　平板对接平焊焊枪角度与电弧对中位置

（a）焊枪角度；（b）电弧对中位置

（2）焊件位置的摆放。焊前要先检查装配时的合理间隙及预留的反变形是否合适,间隙小的一端应放在右侧,如图 5 – 23 所示。

（3）打底焊。调整好打底层焊道的焊接参数后,在焊件右端预焊点左侧约 20 mm 处坡口的一侧引弧,待电弧引燃后迅速右移至焊件右端头定位焊缝上,当定位焊缝表面和坡口面熔合出现熔池后,向左开始焊接打底

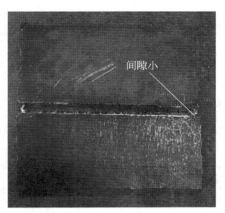

图 5 – 23　焊件位置的摆放

层焊道,焊枪沿坡口两侧作小幅度横向摆动,并控制电弧在离底边 2 ~ 3 mm 处燃烧,当坡口底部熔孔直径达到 4 ~ 5 mm 时转入正常焊接。焊接打底层焊道时应注意以下事项:

① 打底层采用月牙形的小幅摆动焊接(图 5 – 24a),焊枪摆动时在焊缝

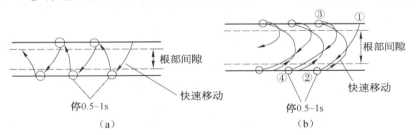

图 5 – 24　焊枪的摆动方式

（a）月牙形摆动;（b）倒退式月牙形摆动

的中心移动稍快,摆动到焊缝两侧要停 0.5 ~ 1 s。如果焊件的坡口间隙很大,应在横向摆动的同时作适当的前后移动的倒退式月牙形摆动,如图 5 – 24b 所示。这种摆动可以避免电弧直接对准间隙,可以防止烧穿缺陷的产生。

② 因为电弧始终对准焊道的中心线在坡口内作小幅度横向摆动(图 5 – 25),而且在坡口两侧稍作了停留,所以,使熔孔直径要比装配的间隙大 1 ~ 2 mm。因此,焊接时要仔细观察熔孔,并根据间隙和熔孔直径的变化调整焊枪的横向摆动幅度和焊接速度,尽量维持熔孔的直径不变,以保

证获得宽窄和高低均匀的反面焊缝。

③ 依靠电弧在坡口两侧的停留时间,保证坡口两侧熔合良好,使打底层焊道两侧与坡口结合处稍下凹,焊道表面保持平整,如图 5 – 26 所示。

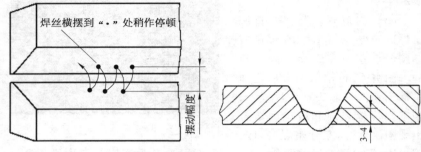

图 5 – 25　焊缝根部焊条的运条　　　　图 5 – 26　打底层焊道

④ 焊接打底层焊道时,要严格控制喷嘴的高度,电弧必须在离坡口底部 2 ~ 3 mm 处燃烧,保证打底层厚度不超过 4 mm。

(4) 填充焊。调试好填充层工艺参数,在焊件的右端开始焊填充层,焊枪的横向摆动幅度稍大于打底层,注意熔池两侧熔合情况。保证焊道表面平整并稍下凹,并使填充层的高度低于母材表面 1.5 ~ 2 mm,焊接时不允许烧化坡口棱边。

(5) 盖面焊。调试好盖面层工艺参数后,从右端开始焊接,需注意下列事项:

① 保持喷嘴高度,焊接熔池边缘应超过坡口棱边 0.5 ~ 1.5 mm,并防止咬边。

② 焊枪横向摆动幅度应比填充焊时稍大,尽量保持焊接速度均匀,使焊缝外形美观。

③ 收弧时一定要填满弧坑,并且收弧弧长要短,以防止产生弧坑裂纹缺陷。

(6) 填满弧坑的方法。焊接将要终止时,填满弧坑的处理方法可以参考图 5 – 27 所示的几种方法进行。

4. 焊接要求和标准

CO_2 气体保护平对接焊的焊接要求和标准见表 5 – 4。

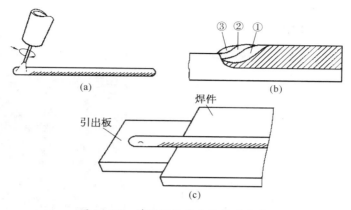

图 5-27 填满弧坑的几种处理方法

（a）回转法；（b）断续回焊法；（c）用引出板

表 5-4 CO₂ 气体保护平对接焊的焊接要求和标准

焊 接 项 目		焊接要求和标准
焊缝外观检查	焊缝宽度	焊缝每侧增宽 0.5~2 mm
	焊缝宽度差	≤3 mm
	焊缝余高	1~3（0~3）mm
	咬边	深度 ≤0.5 mm
	焊缝成形	要求波纹细腻、均匀、光滑
	未焊透	深度 ≤1.5 mm
	起焊熔合	要求起焊饱满熔合好
	弧坑	无
	接头	要求不脱节、不凸高
	夹渣或气孔	缺陷尺寸 ≤3 mm
	背面凹坑	深度 ≤2 mm
	背面焊缝余高	1~3 mm
	错边	≤1.2 mm
	角变形	≤3°
	裂纹、焊瘤、烧穿	不明显
焊缝内部质量检查		符合有关熔化焊接头射线照相和质量分级的标准

三、平板对接立焊

立焊时熔池的形状如图 5-28 所示,立焊操作姿势如图 5-29 所示。

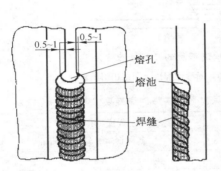

图 5-28　立焊时熔孔和熔池　　　　图 5-29　立焊操作姿势

立焊比平焊训练起来难掌握,其主要原因是:立焊时虽然熔池的下部有焊道依托,但熔池的底部是个斜面,所以熔融的金属在重力作用下比较容易下淌,因此,很难保证焊接时的焊道表面平整。为防止熔融金属下淌,必须要求采用比平焊稍小的焊接电流进行焊接。焊枪的摆动也需要稍快一些,以锯齿形节距较小的方式进行焊接,使熔池小而薄。立焊盖面层焊道时,要防止焊道两侧咬边、中间凸起的现象产生,如图 5-30 所示。

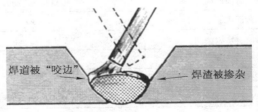

图 5-30　焊道咬边下坠

1. 焊前准备

V 形坡口的对接立焊焊前准备主要包括工件、焊丝、CO_2 气体、焊机和辅助工具的准备等。

1）工件　工件采用适合于焊接的低碳钢板两块，其尺寸标准为 300 mm × 200 mm × 12 mm，如图 5 - 31 所示。如果没有 12 mm 厚的钢板，也可以选择 10 mm 左右的钢板代替进行训练。

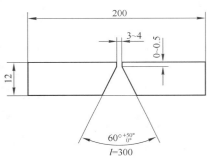

图 5 - 31　焊件备料

2）焊丝和 CO_2 气体　焊接时选择 H08Mn2SiA 焊丝，焊丝直径为 1.0 mm，焊丝使用前要对焊丝表面进行清理；CO_2 气体纯度要求达到 99.5%。

3）焊机和辅助工具　采用半自动 CO_2 气体保护焊机进行焊接。主要辅助工具包括清理焊件用的钢丝刷，整理焊件用的錾子、锉刀、磨光机及焊接过程中使用的敲渣锤等。

2. 焊接特点

V 形坡口的对接立焊有向上立和向下立两种焊接方法，一般情况下板厚度在 6 mm 以下的薄板采用向下立焊，厚板采用向上立焊。向下立焊时焊缝外观好，但是很容易造成焊接不透，此时应尽量避免摆动。焊接厚板多采用向上立焊，这样可以使熔深加大，虽然单道焊时成形不好，焊缝窄而高，但是在采用横向摆动时，就可以获得良好的焊缝成形。

3. 操作过程

1）装配与定位焊　装配与定位焊要求和对接平焊的方法是一样的

(图 5-20),对接立焊反变形也可以参考对接平焊(图 5-21)。

2)焊接参数 板厚为 12 mm 的对接立焊焊接参数可以参考表 5-5 进行选择。这里推荐两组常用的参数仅供焊接时参考。第一组用直径 1.0 mm 的焊丝,焊接电流较小,比较容易掌握,但适用性较差;第二组用直径 1.2 mm 的焊丝,采用焊接电流较大,虽然较难掌握,但是适用性较好。

表 5-5 板厚为 12 mm 的对接立焊焊接参数

组别	焊接层次位置	焊丝直径(mm)	焊丝伸出长度(mm)	焊接电流(A)	电弧电压(V)	气体流量(L/min)	层数
第一组	打底层 填充层 盖面层	1.0	10~15	90~95 110~120 110~120	18~20 20~22 20~22	12~15	3
第二组	打底层 填充层 盖面层	1.2	15~20	90~110 130~150 130~150	18~20 20~22 20~22	12~15	3

3)焊接要领

(1)焊枪角度与焊法。板厚为 12 mm 的 V 形坡口的对接立焊采用向上立焊的焊接方法,由下往上焊,三层三道,平板对接向上立焊的焊枪角度与电弧对中位置如图 5-32 所示。

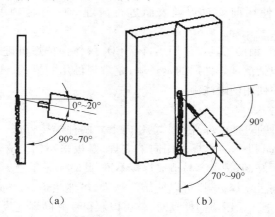

(a)　　　　　　　　(b)

图 5-32 平板对接向上立焊的焊枪角度与电弧对中位置

(a)焊枪角度;(b)电弧对中位置

（2）焊件摆放位置。焊接前先检查焊件的装配间隙及反变形是否合适,把焊件垂直固定好,间隙小的一端放在下面,如图 5-33 所示。

（3）打底焊。调整好打底层焊道的焊接参数后,在焊件的下端定位焊缝上引弧,使电弧沿焊缝中心作锯齿形横向摆动,当电弧超过定位焊缝并形成熔孔时,转入正常焊接。这时,焊枪横向摆动的方式必须正确,否则焊缝焊肉容易下坠,焊缝成形不好看,

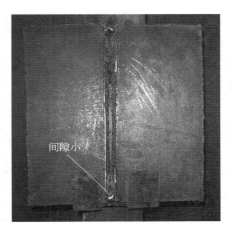

图 5-33　立焊焊件摆放

小间距锯齿形摆动或间距稍大的上凸的月牙形摆动焊道成形较好,下凹的月牙形摆动使焊道表面下坠(不正确),如图 5-34 所示。

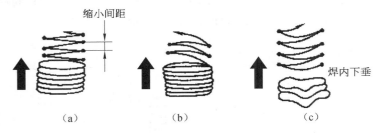

图 5-34　立焊时摆动手法
（"·"处停留 0.5 s）
（a）小间距锯齿形摆动;（b）上凸月牙形摆动;（c）下凹月牙形摆动(不正确)

焊接过程中要特别注意熔池和熔孔的变化,不能让熔池太大。若焊接过程中断了弧,则应按基本操作手法中所介绍的要点接头。先将需接头处打磨成斜面,打磨时要特别注意不能磨掉坡口的下边缘,以免局部间隙太宽,如图 5-35 所示。当焊接到焊件的最上方收弧时,待电弧熄灭,熔池完全凝固以后,才能移开焊枪,以防收弧区因保护不良而产生气孔焊接缺陷。

（4）填充焊。调试好填充层焊道的焊接参数后,自下向上焊接填充

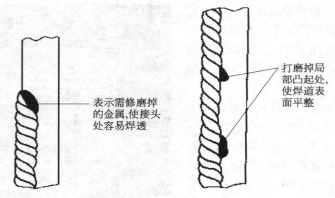

图 5-35 接头处的打磨要求　图 5-36 填充焊前的修磨

层焊道,焊接时需注意以下事项:

① 焊接前应先清除打底层焊道和坡口表面的飞溅和焊渣,并用角向磨光机将局部凸起的焊道磨平,如图 5-36 所示。

② 采用小月牙形摆动方式(图 5-37)进行向上立焊,焊丝的角度如图 5-38 所示,焊丝要对准前进的方向,保持 $90° \pm 10°$ 的角度。

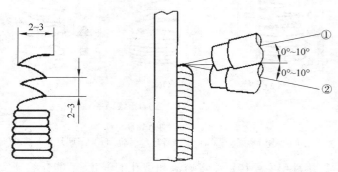

图 5-37 小月牙形摆动方式　图 5-38 向上立焊焊丝角度

③ 焊枪横向摆幅比焊打底层焊道时稍大,电弧在坡口两侧稍停留,保证焊道两侧熔合好。在对接立缝坡口内引弧,焊枪沿坡口两侧作小月牙形摆动,进行填充焊的向上立焊,向上立焊过程中,注意观察熔池两侧坡口熔合的情况,保证焊道表面平整,并使填充层高度低于焊件表面 1~2 mm,保持坡口棱边不被熔化。

（5）盖面层。调整好盖面层焊道的焊接参数后，按照下列顺序焊盖面层焊道：

① 清理填充层焊道及坡口上的飞溅、焊渣，打磨掉焊道上局部凸起过高部分的焊肉。

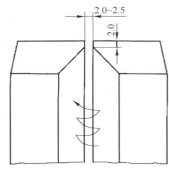

② 在焊件下端引弧，自下向上焊接，焊枪摆幅较焊填充层焊道时大（图5-39），当熔池两侧超过坡口边缘0.5~1.5 mm时，以匀速锯齿形上升。

③ 焊到顶端收弧，待电弧熄灭，熔池凝固后，才能移开焊枪，以免局部产生气孔。

图5-39 焊枪摆幅

4.焊接要求和标准

CO_2气体保护对接立焊的焊接要求和标准见表5-6。

表5-6 CO_2气体保护对接立焊的焊接要求和标准

焊 接 项 目		焊接要求和标准
焊缝外观检查	焊缝宽度	≤20 mm
	焊缝宽度差	≤3 mm
	焊缝余高	0~3 mm
	焊缝余高差	≤3 mm
	错 边 量	≤1.2 mm
	背面凹坑	深度≤2 mm
	背面焊缝余高	-1.5~3 mm
	咬 边	深度≤0.5 mm
	焊缝成形	要求波纹细腻、均匀、光滑
	起焊熔合	要求起焊饱满熔合好
	接 头	要求不脱节，不凸高
	夹渣或气孔	缺陷尺寸≤3 mm
	角 变 形	≤3°
	裂纹、烧穿	不明显
焊缝内部质量检查		符合有关熔化焊接头射线照相和质量分级的标准

四、平板对接横焊

CO_2气体保护横焊比较容易操作,因为焊接熔池有下面的板托着,可以像平焊那样操作,但是不能忘记焊接熔池是在垂直面上,焊道凝固时无法得到对称的表面,焊道表面不对称,最高点移向下方,如图 5-40 所示。横焊过程必须使熔池尽量小,使焊道表面尽可能接近对称。另外,需采用双道焊或多道焊,以调整焊道处表面形状,因此通常都采用多层多道焊。

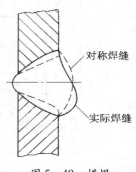

图 5-40　横焊
焊缝表面不对称

横焊时由于焊道较多,角变形较大,而角变形的大小既与焊接工艺参数有关,又与焊道层数、每层焊道数目及焊道之间的间歇时间有关,通常熔池大、焊道间歇时间短、层间温度高时,角变形大;反之角变形则小。因此操作者应该根据练习过程中的操作情况,仔细摸索角变形的规律,焊接前留足反变形的量,以防焊后焊件的角变形太差。

1．焊前准备

V 形坡口的对接横焊焊前准备主要包括工件、焊丝、CO_2 气体、焊机和辅助工具的准备等。

1）工件　工件采用适合于焊接的低碳钢板两块,其尺寸标准为 300 mm×200 mm×12 mm,如图 5-31 所示。如果没有 12 mm 厚的钢板,也可以选择 10 mm 左右的钢板代替进行训练。

2）焊丝和 CO_2 气体　焊接时选择 H08Mn2SiA 焊丝,焊丝直径为 1.0 mm,焊丝使用前要对焊丝表面进行清理;CO_2 气体纯度要求达到 99.5%。

3）焊机和辅助工具　采用半自动 CO_2 气体保护焊机进行焊接。主要辅助工具包括清理焊件用的钢丝刷,整理焊件用的錾子、锉刀、磨光机及焊接过程中使用的敲渣锤等。

2．操作过程

1）装配及定位焊　装配间隙及定位焊要求如图 5-41 所示,装配间隙要求开始端为 3 mm,终止端为 3.3 mm,钝边为 0～0.5 mm,预留反变形量为 5°~6°,错边量不大于 1.2 mm。对接横焊反变形如图 5 - 42 所示。定位采用与焊件相同牌号的焊丝进行点焊,并在坡口内两端进行定位焊接,焊点长度为 10~15 mm,背面必须焊透。

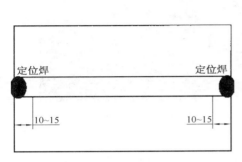

图 5 - 41　横焊焊接装配图

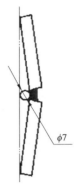

图 5 - 42　对接横焊反变形

2) 焊接参数　板厚为 12 mm 的对接横焊焊接参数可以参考表 5 - 7 进行选择。

表 5 - 7　板厚为 12 mm 的对接横焊焊接参数

组别	焊接层次位置	焊丝直径（mm）	焊丝伸出长度(mm)	焊接电流（A）	电弧电压（V）	气体流量（L/min）	层数
第一组	打底层 填充层 盖面层	1.0	10~15	90~100 110~120 110~120	18~20 20~22 20~22	10	3
第二组	打底层 填充层 盖面层	1.2	20~35	90~110 130~150 130~150	20~22 20~22 22~24	15	3

3) 焊接要领

(1) 焊枪角度与焊法。横焊时采用左焊法,三层六道焊,按照 1~6 的焊接顺序进行焊接,焊道分布如图 5 - 43 所示。

(2) 焊件位置摆放。焊前先检查焊件的装配间隙及反变形是否合适,将焊件垂直固定好,焊缝处于水平位置,焊件间隙小的一端放在右侧,如图 5 - 44 所示。

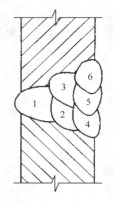

图 5 - 43　焊道的分布
（按照 1 ~ 6 顺序依次焊接）

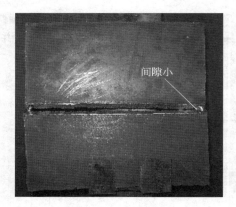

图 5 - 44　横焊焊件摆放

（3）打底焊。调试好打底层焊道的焊接参数后，按图 5 - 45 所示要求保持焊枪角度和电弧对中位置，从右向左焊打底层焊道。在焊件右端定位焊缝上引燃电弧，以小幅度锯齿形摆动，自右向左焊接，当预焊点左侧形成熔孔后，保持熔孔边缘超过坡口棱边 0.5 ~ 1 mm 较合适，如图 5 - 46 所示。焊接过程中要仔细观察熔池和熔孔，根据间隙调整焊接速度及焊枪的摆幅，尽可能地维持熔孔直径不变，焊至左端收弧。

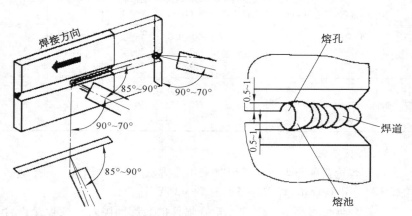

图 5 - 45　打底焊焊枪角度与电弧对中　　　图 5 - 46　横焊熔孔与焊道

如果焊打底层焊道过程中电弧中断，应按下述步骤进行接头：

① 将接头处焊道打磨成斜面,如图 5-47 所示。

② 在打磨了的焊道最高处开始进行引弧,焊枪开始作小幅度锯齿形摆动,当接头区前端形成熔孔后,继续焊完打底层焊道。焊完打底层焊道后先除净飞溅及打底层焊道表面的焊渣,然后用角向磨光机将局部凸起的焊道磨平。

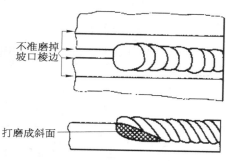

不准磨掉坡口棱边

打磨成斜面

图 5-47　焊接接头打磨要求

（4）填充焊。调试好填充层焊道的参数后,要求调整焊枪俯仰角及电弧对中位置,焊接填充层焊道 2~3,如图 5-48 所示。

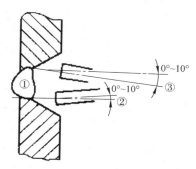

图 5-48　横焊填充层焊道
焊枪对准位置及角度

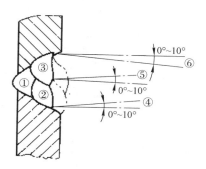

图 5-49　横焊盖面层焊道
焊枪对准位置及角度

① 焊填充层焊道②时,焊枪成 0°~10°俯角,电弧以打底层焊道的下缘为中心作横向摆动,保证下坡口熔合好。

② 焊填充层焊道③时,焊枪成仰角 0°~10°,电弧以打底层焊道为中心,在焊道②和坡口上表面间进行摆动,保证熔合良好。

③ 清除填充层焊道表面的焊渣及飞溅,然后用角向磨光机将局部凸起的焊道磨平。

（5）盖面焊。调试好盖面焊道参数后,按照图 5-49 所示的要求焊接盖面层焊道。操作要领和填充焊基本相同。

4）注意事项　横焊时焊丝位置应避免图 5-50a 所示的位置,因为

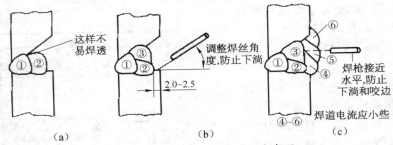

图 5 - 50　多层多道焊操作注意事项

在箭头所指的位置不容易焊透。

3. 焊接要求和标准

CO_2 气体保护对接横焊的焊接要求和标准见表 5 - 8。

表 5 - 8　CO_2 气体保护对接横焊的焊接要求和标准

焊接项目		焊接要求和标准
焊缝外观检查	焊缝宽度	≤20 mm
	焊缝宽度差	≤3 mm
	焊缝余高	0 ~ 3 mm
	焊缝余高差	≤3 mm
	错口	≤1.2 mm
	背面凹坑	深度≤2 mm
	背面焊缝余高	− 1.5 ~ 3 mm
	咬边	深度≤0.5 mm
	焊缝成形	要求波纹细腻、均匀、光滑
	起焊熔合	要求起焊饱满熔合好
	接头	要求不脱节,不凸高
	夹渣或气孔	缺陷尺寸≤3 mm
	角变形	≤3°
	裂纹、烧穿	不明显
焊缝内部质量检查		符合有关熔化焊接头射线照相和质量分级的标准

五、平板对接仰焊

CO_2 气体保护仰焊位置是最难焊接的位置之一,对接焊缝倾角有 0°、

180°,转角 270°的焊接位置,称为仰焊位置。在仰焊位置进行的焊接,称为仰焊。仰焊时,熔滴靠电弧吹力和熔化金属的表面张力过渡于熔池,熔滴的重力阻碍熔滴过渡,熔池金属也受自身重力作用下坠。由于熔池金属温度越高,表面张力越小,因此仰焊时极易在焊道背面产生凹陷、正面出现焊瘤。仰焊时,焊钳位于焊件下方,操作者仰视焊缝进行焊接,如图 5 – 51 所示。

图 5 – 51 仰焊操作姿势

1. 焊前准备

V 形坡口的对接仰焊焊前准备主要包括工件、焊丝、CO_2 气体、焊机和辅助工具的准备等。

1)工件 工件采用适合于焊接的低碳钢板两块,其尺寸标准为 300 mm × 200 mm × 12 mm,如图 5 – 31 所示。如果没有 12 mm 厚的钢板,也可以选择 10 mm 左右的钢板代替进行训练。

2)焊丝和 CO_2 气体 焊接时选择 H08Mn2SiA 焊丝,焊丝直径为 1.0 mm,焊丝使用前要对焊丝表面进行清理;CO_2 气体纯度要求达到 99.5%。

3)焊机和辅助工具 采用半自动 CO_2 气体保护焊机进行焊接。主要辅助工具包括清理焊件用的钢丝刷,整理焊件用的錾子、锉刀、磨光机及焊接过程中使用的敲渣锤等。

2. 仰焊特点

(1)几种基本焊接位置中,仰焊位置是最难操作的一种焊接位置。首先是由于重力作用,熔化金属与熔渣自然坠落倾向很大;再者,重力会阻碍熔滴过渡,因此仰焊时熔滴过渡的主要形式是短路过渡,一定要进行短弧操作,焊接电流不可过大,一般比平焊时小 10% ~ 15%,同时还应注意控制熔池体积和温度,焊层要薄。

(2)仰焊操作时飞溅大,应注意清除焊接场地的易燃易爆物品,特别应加强劳动保护。除要正常穿戴常用防护用品外,尤应注意扣紧领口、袖口,头戴披风帽,颈扎毛巾,上衣不要束在裤腰内,裤脚不能卷起,也不能束在鞋筒内,面罩黑玻璃要固定牢固,四周不能有缝隙。

(3)仰焊操作时要特别严格遵守焊工安全操作规程的要求,防止烧伤、烫伤。

3. 操作过程

在仰焊时,视线要选择最佳位置,两脚成半开步站立,上身要稳,由远而近地运条。为了减轻臂腕的负担,可将电缆线的一段搭在肩上,或挂在临时设置的钩子上(图 5-52)。

图 5-52　电缆线搭肩和挂在钩子上

由于仰焊焊接的焊缝成形困难,熔池处于悬空状态,如图 5-53 所示。由横断面 $A-A$ 所示,熔池上小下大,在重力作用下液态金属特别容易流失,主要靠电弧吹力和液态金属表面张力的向上分力维持平衡,操作时稍不注意就容易烧穿、咬边或焊缝表面下坠。

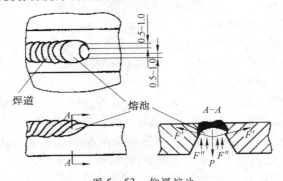

图 5-53　仰焊熔池

P—熔池金属重力;F'—表面张力;F''—电弧吹力

154

另外,仰焊焊接劳动条件差,在整个焊接过程中,操作者必须无依托地举着焊枪,抬头看熔池,特别累,焊接时产生的飞溅从高处往下落,很容易落到手臂、头及脖子上,容易烧伤人,要加强焊接时的劳动保护措施。

1）装配及定位焊 装配间隙及定位焊要求如图5-20所示,反变形如图5-21所示。

2）焊接参数 板厚为12 mm的对接仰焊焊接参数可以参考表5-9进行选择。

表5-9 板厚为12 mm的对接仰焊焊接参数

焊道层次	焊丝直径 （mm）	焊丝伸出长度 （mm）	焊接电流 （A）	电弧电压 （V）	气体流量 （L/min）
打底焊	1.2	15~20	90~110	18~20	15
填充焊			130~150	20~22	
盖面焊			120~140	20~22	

3）焊接要领

（1）焊枪角度与焊法。CO_2气体保护仰焊采用右焊法,三层三道焊,焊枪角度如图5-54所示。

（2）焊件位置摆放。焊前先检查焊件装配间隙及反变形是否合适,

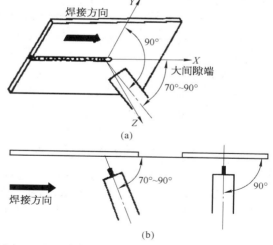

图5-54 平板对接仰焊的焊枪角度与电弧对中位置

（a）焊枪倾斜角度；（b）电弧对中位置

155

图 5－55　仰焊焊件摆放

调整好定位架高度,将焊件放在水平位置,坡口朝下,间隙小的一端放在左侧固定好,如图 5－55 所示。焊件高度必须调整到保证操作者能单腿跪地或站着焊接时,焊枪的电缆导管有足够的长度,并保证腕部能有充分的空间自由动作,肘部不要举得太高,操作时不感到别扭的位置。

（3）打底焊。调试好打底层焊道的焊接参数后,在焊件左端进行引弧,焊枪开始作小幅度锯齿形摆动,熔孔形成后转入正常焊接。打底焊时焊枪的角度如图 5－56 所示。焊接过程中不能使电弧脱离熔池,利用电弧吹力防止熔融金属下淌。焊打底层焊道时,必须注意控制熔孔的大小和电弧与焊件上表面的距离(2~3 mm),能看见部分电弧穿过试板背面在熔池前面燃烧,既保证焊根焊透,又防止焊道背面下凹、正面下坠。这个位置很重要,合适时能焊出背面上凸的打底焊道,训练时要认真总结经验。

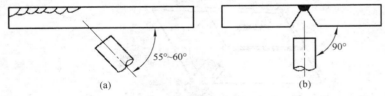

图 5－56　打底焊时焊枪的角度

（a）焊枪倾角；（b）焊枪夹角

清除焊道表面的焊渣及飞溅,特别要除净打底层焊道两侧的焊渣,否则容易产生夹渣。用角向磨光机打磨焊道正面局部凸起太高处。

（4）填充焊。调试好填充层焊道的焊接参数后,在焊件左端进行引弧,焊枪以稍大的横向摆动幅度开始向右焊接。焊填充层焊道时,必须注意以下几点:

① 必须掌握好电弧在坡口两侧的停留时间,既要保证焊道两侧熔合好不咬边,又不使焊道中间下坠。

② 掌握好填充层焊道的厚度,保持填充层焊道表面距焊件下表面 1.5~2.0 mm,不能熔化坡口的棱边。清除填充层焊道的焊渣及飞溅,打磨平焊道表面局部的凸起处。

(5) 盖面焊。调试好盖面层焊道的焊接参数后,从左至右焊盖面层焊道。焊接过程中应根据填充焊缝的高度,调整焊接速度,尽可能地保持摆动幅度均匀,使焊缝平直均匀,不产生两侧咬边、中间下坠等焊接缺陷。

盖面焊完成后继续进行对焊缝表面的清理,但是不能打磨表面。

4. 焊接要求和标准

CO_2 气体保护对接仰焊的焊接要求和标准见表 5 - 10。

表 5 - 10　CO_2 气体保护对接仰焊的焊接要求和标准

焊 接 项 目		焊接要求和标准
焊缝外观检查	焊缝宽度	≤20 mm
	焊缝宽度差	≤3 mm
	焊缝余高	-1.5~3 mm
	焊缝余高差	≤4.5 mm
	背面凹坑	深度≤1.5 mm
	背面焊缝余高	-1.5~3 mm
	咬 边	深度≤0.5 mm
	焊缝成形	要求波纹细腻、均匀、光滑
	起焊熔合	要求起焊饱满熔合好
	接 头	要求不脱节,不凸高
	夹渣或气孔	缺陷尺寸≤3 mm
	角 变 形	≤3°
	裂纹、烧穿	不明显
焊缝内部质量检查		符合有关熔化焊接头射线照相和质量分级的标准

第二节　管板焊接

管板焊接接头是锅炉压力容器、压力管道焊接结构和金属焊接结构焊接接头形式之一,根据管板接头结构的不同,管板焊接主要可以分为插入式管板对接和骑座式管板对接两种情况。插入式管板焊接较容易,只需保证焊根有一定的熔深和焊脚尺寸,焊缝内部缺陷在允许范围内就能合格。骑座式管板的焊接,除要求焊根背面成形外,还要保证焊脚尺寸,焊缝内部没有允许范围以外的缺陷才能合格。

焊接管板接头的最大难点是操作者必须根据焊接处管子圆周的曲率变化及时连续地转动手腕,并需要不断地调整焊枪的倾斜角度和电弧对中位置,才能保证获得背面成形良好、内部无缺陷、外部无咬边、焊脚尺寸合格的焊缝,需要反复练习,不断总结经验才能掌握。

一、插入式管板对接焊

CO_2插入式管板对接焊是焊接插入式管板的基本焊接方法,是一种比较容易掌握的焊接技术,在练习过程中应掌握转腕技术、焊枪角度和电弧对中位置,焊出对称的焊脚。为节约焊件材料,插入式管板焊训练时可以采用图5-57所示的方式进行装配,利用一块孔板焊两条焊缝。

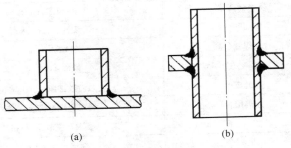

(a) (b)

图5-57 训练时插入式管板装配方法

(a) 板不开孔;(b) 板开孔

1. 焊前准备

插入式管板焊焊前准备主要包括工件、焊丝、CO_2气体、焊机和辅助工具的准备等。

1) 工件 工件采用适合于焊接的低碳钢管、板各一块,其尺寸标准为管$\phi60$ mm×100 mm×6 mm(管厚),如果没有6 mm厚的钢管,也可以选择厚度为4 mm左右的无缝钢管来代替进行训练;板为100 mm×100 mm×12 mm,先在板上加工出$\phi61$的插入孔,如果没有12 mm厚的钢板,也可以用 10 mm 左右的钢板来替代,如图 5-58 所示。

2)焊丝和 CO_2 气体 焊接时选择 H08Mn2SiA 焊丝,焊丝直径为 1.0 mm,焊丝使用前要对焊丝表面进行清理;CO_2 气体纯度要求达到 99.5%。

3)焊机和辅助工具 采用半自动 CO_2 气体保护焊机进行焊接。主要辅助工具包括清理焊件用的钢丝刷,整理焊件用的錾子、锉刀、磨光机及焊接过程中使用的敲渣锤等。

2. 操作过程

1)焊接参数 CO_2 气体保护插入式管板焊的焊接参数是很重要的,操作时可以选择表 5-11 中的数据作为参考。

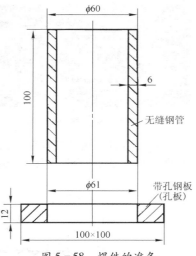

图 5-58 焊件的准备

表 5-11 插入式管板焊的焊接参数

焊丝直径(mm)	焊丝伸出长度(mm)	焊接电流(A)	电弧电压(V)	气体流量(L/min)
1.2	15 ~ 20	130 ~ 150	20 ~ 22	15

2)焊接要领

(1)焊枪角度与焊法。插入式管板焊接采用左焊法,单层单道焊,其焊枪角度与电弧对中位置如图 5-59 所示。

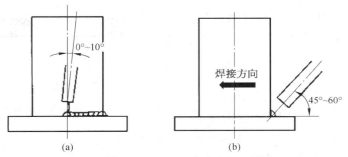

(a)　　　　　　　　　　　(b)

图 5-59 管板焊接的焊枪角度与电弧对中位置

(a)焊枪角度;(b)电弧对中位置

引弧处

图 5－60 焊件的摆放

（2）焊件位置摆放。调整好焊接架的高度,将管板垂直放在焊接架上。保证操作者站立时焊枪能很顺手地沿待焊处移动,一个定位焊缝位于右侧的准备引弧处(图 5－60)。

（3）焊接步骤。

① 在焊件右侧定位焊缝上引弧,从右向左沿管子外圆焊接,焊完圆周的 1/4～1/3 后收弧,按图 5－61 的要求将收弧处磨成斜面。

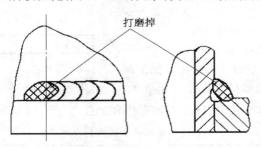

打磨掉

图 5－61 接头处打磨

② 迅速将弧坑转到始焊处引弧,趁接头余热立即再焊接管子圆周的 1/4～1/3。如此反复,至焊到剩下最后一段封闭焊缝为止。

③ 焊接封闭焊缝前,需将已焊好的焊缝两头都焊打磨成斜面,如图 5－62 所示。

④ 将打磨好的焊件转到合适的位置焊完最后一段焊缝,结束焊接时必须填满弧坑,并使接头不要太高。

⑤ 清除焊道表面的焊渣及飞溅,特别要除净焊道两侧的焊渣。

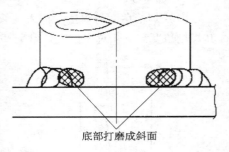

底部打磨成斜面

图 5－62 封闭焊接头处打磨要求

用角向磨光机打磨焊道正面局部凸起太高处。

3. 焊接要求和标准

CO_2 气体保护插入式管板焊的焊接要求和标准见表 5－12。

表 5-12　CO_2 气体保护插入式管板焊的焊接要求和标准

焊接项目		焊接要求和标准
焊缝外观检查	板侧焊脚尺寸	5 mm≤K≤7 mm
	板侧焊脚尺寸差	≤2 mm
	管侧焊脚尺寸	5 mm≤K≤7 mm
	管侧焊脚尺寸差	≤2 mm
	咬边	深度≤0.5 mm
	焊缝成形	要求波纹细腻、均匀、光滑
	起焊熔合	要求起焊饱满熔合好
	接头	要求不脱节,不凸高
	夹渣或气孔	缺陷尺寸≤3 mm
	裂纹、烧穿	不明显

二、骑座式管板对接焊

骑座式管板的焊接难度较大,操作者在练习的过程中要掌握转动手腕动作,以及焊枪角度和电弧的对中位置,能够熟练地根据熔孔的大小控制背面焊道的成形,并焊出匀称美观的焊脚。

骑座式管板的平焊是焊接骑座式管板的基本功,较难掌握,因为焊缝在圆周上,焊枪角度和电弧的对中位置需要随时改变,不仅要保证T形接头的焊脚对称,而且还要掌握单面焊双面成形技术。

1.焊前准备

骑座式管板对接焊焊前准备主要包括工件、焊丝、CO_2 气体、焊机和辅助工具的准备等。

1)工件　工件采用适合于焊接的低碳钢管、板各一块,其尺寸标准为管 ϕ60 mm×100 mm×6 mm(管厚),如果没有 6 mm 厚的钢管,也可以选择厚度为 4 mm 左右的无缝钢管来代替进行训练;板为 100 mm×100 mm×12 mm,先在板上加工出 ϕ52 与管同样直径的孔,如果没有 12 mm 厚的钢板,也可以用 10 mm 左右的钢板来替代,如图 5-63 所示。

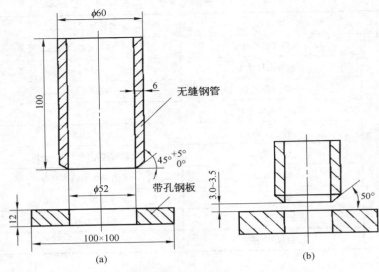

图 5-63　焊件的准备

（a）焊件尺寸；（b）坡口尺寸

2）焊丝和 CO_2 气体　焊接时选择 H08Mn2SiA 焊丝,焊丝直径为 1.0 mm,焊丝使用前要对焊丝表面进行清理;CO_2 气体纯度要求达到 99.5%。

3）焊机和辅助工具　采用半自动 CO_2 气体保护焊机进行焊接。主要辅助工具包括清理焊件用的钢丝刷,整理焊件用的錾子、锉刀、磨光机及焊接过程中使用的敲渣锤等。

2. 操作过程

1）焊接参数　CO_2 气体保护骑座式管板焊的焊接参数是很重要的,操作时可以选择表 5-13 中的数据作为参考。

表 5-13　骑座式管板焊的焊接参数

焊道层次	焊丝直径（mm）	焊丝伸出长度（mm）	焊接电流（A）	电弧电压（V）	气体流量（L/min）
打底焊	1.2	15～20	90～110	19～21	12～15
盖面焊			130～150	22～24	

2）焊接要领

（1）焊枪角度与焊法。CO_2气体保护骑座式管板焊采用左焊法，两层两道焊，焊枪角度和电弧对中位置如图 5-59 所示。

（2）焊件位置摆放。调整好焊接架的高度，将管板垂直放在试板架上，保证操作者站立时焊枪能很顺手地沿管子外圆转动，一个定位焊缝位于右侧的待引弧处。

（3）打底焊。调整好打底层焊道的焊接参数后，按下述步骤焊打底层焊道：

① 在定位焊缝上引弧，形成熔孔后，从右至左沿管子外圆焊接，焊枪稍上下摆动，保证熔合良好，并根据间隙调整焊接速度，尽可能地保持熔孔直径一致；焊接过程中，操作者的上身最好跟着焊枪的移动方向前倾，以便清楚地观察焊接熔池，直至不易观察熔池处断弧，通常能焊完圆周的1/4～1/3，若没有把握保证焊道与原定位焊缝熔合好，也可在定位焊缝的前面断弧。

② 用薄砂轮将收弧处打磨成斜面，并将定位焊缝磨掉。注意打磨时不能扩大间隙。

③ 将待焊管板转个角度，使打磨好的斜面处于引弧处。在斜面上部引弧，并继续沿管子外圆进行焊接，直至适当的位置断弧。

④ 焊接最后一段封闭焊道前，将焊道两端都打磨成斜面，不得扩大间隙。

⑤ 将打底层焊道接头处凸出的焊肉磨掉，尽可能地保证焊脚尺寸的一致。

（4）盖面焊。调试好盖面层焊道的焊接参数后，按焊打底层焊道的步骤焊完盖面层焊道，焊接时特别注意以下几点：

① 保证焊缝两侧熔合良好，焊脚大小对称。

② 焊枪横向摆动幅度和焊接速度尽可能地保持均匀，保证焊道外形美观，接头处平整。

③ 清除焊道表面的焊渣及飞溅，特别要除净焊道两侧的焊渣。用角向磨光机打磨焊道正面局部凸起太高处。

3. 焊接要求和标准

CO_2气体保护骑座式管板焊的焊接要求和标准见表 5-14。

表 5 - 14　CO_2 气体保护骑座式管板焊的焊接要求和标准

焊　接　项　目		焊接要求和标准
焊缝外观检查	板侧焊脚尺寸	5 mm≤K≤7 mm
	板侧焊脚尺寸差	≤2 mm
	管侧焊脚尺寸	5 mm≤K≤7 mm
	管侧焊脚尺寸差	≤2 mm
	咬　边	深度≤0.5 mm
	焊缝成形	要求波纹细腻、均匀、光滑
	起焊熔合	要求起焊饱满熔合好
	接　头	要求不脱节,不凸高
	夹渣或气孔	缺陷尺寸≤3 mm
	裂纹、焊瘤、未焊透	不明显

第三节　管子对接

　　CO_2 气体保护管子对接难度较大,必须在掌握平板对接焊接要领之后才能进行操作练习。这里只介绍管子对接焊经常采用的两种焊接方法,即水平转动对接焊和水平固定对接焊。

一、小径管水平转动对接焊

　　焊接小径管的对接接头,除了需要掌握单面焊双面成形操作技术外,还要根据管子的曲率半径不断地转动手腕,随时改变焊枪角度和对中位置,由于管壁较薄,采用 φ1.2 mm 焊丝焊接时容易被烧穿。与板状材料的焊接相比,管焊的焊接首先要确立操作与观察更为小心精细的思想意识,就是在焊接时,接弧要更准确、节奏要稍快、焊接要短时、下手要轻柔。水平转动管焊接时,可采用两种方法进行焊接:一种是钢管放在滚轮架上,滚轮转动通过摩擦力带动钢管转动,钢管转动的速度就是焊接的速度;另一种是操作者戴头盔式面罩,一只手转动钢管,另一只手握住焊钳进行焊接,手转动钢管的速度就是焊接的速度,转动的手始终使焊件的被焊处处于平焊或立焊位置(爬坡位置)进行焊接,此方法操作简单。对于长度不大的不固定管子的环形焊口(如管段、法兰等),都可以采用平置转动的方法焊接。这种方法也适用于小直径管环缝的单面焊双面成形。

1. 焊接特点

(1) 焊件材料是低碳钢,焊接工作条件好,焊接操作比固定管容易,焊缝质量易得到保障,一般不会产生焊接裂纹。但因管子处于动态,管壁较薄时容易出现烧穿或未焊透等缺陷。

(2) 水平转动焊件时,焊接是在爬坡焊和水平焊之间的位置上完成的,可以进行连续的焊接,大大提高了焊接工作的劳动生产效率。

(3) 因为是转动焊接,最好有辅助转动的装置设备代替人工手动转动,可以使焊缝更加均匀美观。

2. 焊前准备

1) 工件 焊件采用 φ51 mm × 100 mm × 3 mm(厚度)的低碳钢管两根,用车床在两钢管的一端加工出 30°的 V 形坡口(图 5-64),用辅助工具除掉钢管加工时的棱角毛刺,用清洁用具清除铁锈、油污和其他杂物。

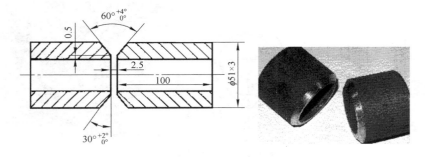

图 5-64 焊件的准备

2) 焊丝和 CO_2 气体 焊接时选择 H08Mn2SiA 焊丝,焊丝直径为 1.2 mm,焊丝使用前要对焊丝表面进行清理;CO_2 气体纯度要求达到 99.5%。

3) 焊机和辅助工具 采用半自动 CO_2 气体保护焊机进行焊接。主要辅助工具包括清理焊件用的钢丝刷,整理焊件用的錾子、锉刀、磨光机及焊接过程中使用的敲渣锤等。

4) 定位装配

(1) 用清洁工具将管子内外壁坡口两侧约 30 mm 范围内的油、锈、

图 5 - 65　清理工件

污等仔细清理干净,露出金属本来的光泽(图 5 - 65)。

(2) 定位时将钢管放在∟50×50×5 等边角钢的组装定位胎上(图 5 - 66)。

(3) 定位焊缝不得有任何缺陷,定位焊缝长度不大于 10 mm,按照圆周方向均布 2 处,装配定位好的焊件应该预留间隙,并保证两焊件同心。定位焊除在管子坡口内直接进行外,也可以用连接板在坡口外进行装配点固。焊件的装配定位可采取以下三种形式中的任意一种,如图 5 - 67 所示。

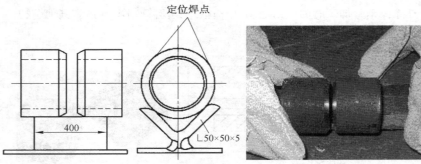

图 5 - 66　焊件的安放

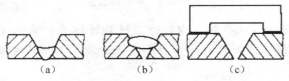

　(a)　　　　　　(b)　　　　　　(c)

图 5 - 67　定位焊缝的几种方式

(a) 正式定位焊缝;(b) 非正式定位焊缝;(c) 连接板定位焊缝

图 5 - 67a 是直接在管子坡口内进行定位焊,定位焊缝是正式焊缝的一部分,因此定位焊缝应该保证焊透,没有焊接缺陷。焊件定位好后,将定位焊缝的两端打磨成缓坡形(图 5 - 68)。等到正式焊接焊至定位焊处

时,只需要将焊条稍向坡口内给送,以较快的速度通过定位焊缝,过渡到前面的坡口处,继续向前施焊。

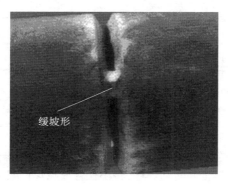

缓坡形

图 5‑68 定位焊缝两端打磨成缓坡形

图 5‑67b 是非正式定位焊,焊接时应保持焊件坡口根部的棱边不被破坏,等正式焊接焊到此处时,将非正式定位焊缝打磨掉后,继续向前施焊。

图 5‑67c 是采用连接板进行的定位焊,这种方法不破坏焊件的坡口,等正式焊接到定位板处时将定位板打掉,继续向前施焊。

（4）定位焊缝一般采用两处,且两处焊点相距180°,正式焊接时的起点与两个定位焊点也要相距180°。值得注意的是,不管是采用哪种定位焊,都绝对不允许在仰焊的位置进行定位点焊(6点处)。

3．操作过程

1）焊接参数 CO_2 气体保护小直径管对接转动焊的焊接参数是很重要的,操作时可以选择表5‑15中的数据作为参考。

表 5‑15 小直径管对接转动焊的焊接参数

焊丝直径(mm)	焊丝伸出长度(mm)	焊接电流(A)	电弧电压(V)	气体流量(L/min)
1.2	15～20	90～110	19～21	15

2）焊接要领

（1）焊枪角度与焊法。CO_2 气体保护小直径管对接转动焊采用左焊法,单层单道焊,小径管水平转动的焊枪角度与电弧对中位置如图5‑69所示。

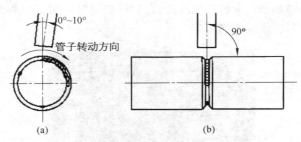

图 5-69　小直径管对接转动焊焊枪角度与电弧对中位置

（a）焊枪角度；（b）电弧对中位置

（2）焊件位置摆放。调整好焊件架的高度,保证操作者坐着或站着都能方便地移动焊枪并转动焊件,将小径管放在焊件架上,一个定位焊缝摆在时钟 1 点的位置处。

（3）焊接。调试好焊接参数后,可以按照下述步骤进行焊接:在时钟 1 点位置处定位焊缝上引弧,并从右向左焊至时钟 11 点位置处灭弧,立即用左手将管子按顺时针方向转一个角度,将灭弧处转到时钟 1 点位置处再焊接,如此不断地转动,直到焊完一圈为止。焊接时要特别注意以下两点:

① 尽可能地右手持枪焊接,左手转动管子,使熔池始终保持在平焊位置,管子转动速度不能太快,否则熔融金属会流出,焊缝外形不美观。

② 因为焊丝较粗,熔敷效率较高,采用单层单道焊,既要保证焊件背面成形,又要保证正面美观,很难掌握。为防止烧穿,可采用"断续"焊法,像收弧那样,用不断地引弧、断弧的办法进行焊接。

二、小径管水平固定全位置焊

水平固定管焊是管口朝向左右,而焊缝呈立向环绕形旋转的焊接方式。焊接过程中,管子轴线固定在水平位置,不准转动,必须同时掌握了平焊、立焊、仰焊三种位置单面焊双面成形操作技能,才能焊出合格的焊缝。

1. 焊接特点

水平固定管焊的特点是:

（1）同样的焊接电流(需要时也可以调整),一个完整的焊缝焊接过程要经过仰焊、斜仰焊、立焊、爬坡、平焊等多种焊接位置,因此运条方式、焊条角度的变化和操作者身体位置的变化都大。水平固定管焊也叫全位置焊,是焊接中难度最大的焊接位置之一。

（2）由于管焊时焊接熔池的形状不好控制,所以焊接过程中,常出现打底层的根部第一层焊透的程度不均匀,焊道的表面凹凸不平。水平固定管焊 V 形坡口常见的焊缝根部缺陷如图 5 - 70 所示。其中,位置 1 与 6 易出现多种缺陷;位置 2 易出现塌腰及气孔;位置 3、4 铁水与熔渣易分离,焊透程度良好;位置 5 易出现熔透程度过分,形成焊瘤或不均匀。

（3）如果焊接的管道要承受高温、高压,焊接时还必须采用单面焊双面成形的技术。这种技术对操作者的要求更高。

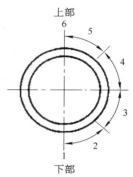

图 5 - 70　水平固定管焊
V 形坡口缺陷分布

小径管水平固定全位置焊的焊前准备和小径管水平转动对接焊的准备工作基本相同,这里不再作详细介绍。

2. 操作过程

1）焊接参数　CO_2 气体保护小直径管水平固定全位置焊的焊接参数是很重要的,操作时可以选择表 5 - 16 中的数据作为参考。

表 5 - 16　小直径管水平固定全位置焊的焊接参数

焊丝直径(mm)	焊丝伸出长度(mm)	焊接电流(A)	电弧电压(V)	气体流量(L/min)
1.2	15 ~ 20	90 ~ 110	19 ~ 21	15

2）焊接要领

（1）焊枪角度与焊法。小径管焊接时,将管子按时钟位置分成左右两半圈。采用单层单道焊,焊接过程中,小径管全位置焊接的焊枪角度与电弧对中位置的变化如图 5 - 71 所示。

（2）焊件位置摆放。调整好卡具的高度,保证操作者单腿跪地时能从时钟 7 点位置处焊到 3 点位置处,操作者站着稍弯腰也能从 3 点位置处焊到 0 点位置处,然后固定小径管,保证小径管的轴线在水平面内,时钟 0 点位置在最上方。焊接过程中不能改变小径管的相对位置。

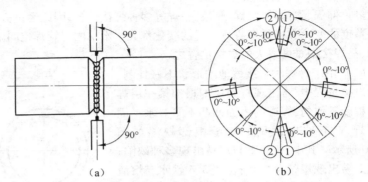

图 5−71　小径管全位置焊接的焊枪角度与电弧对中位置

（3）焊接。调试好焊接参数后，可以参考下述步骤进行焊接：

① 在时钟 7 点位置处的定位焊缝上引弧，保持焊枪角度沿顺时针方向焊至 3 点位置处断弧，不必填弧坑，但断弧后不能立即拿开焊枪，利用余气保护熔池，至凝固为止。

② 将弧坑处第二个定位焊缝打磨成斜面。

③ 在时钟 3 点位置处的斜面最高处引燃电弧，沿顺时针方向焊至 11 点位置处断弧。

④ 将时钟 7 点位置处的焊缝头部磨成斜面，从最高处引燃电弧后迅速接好头，并沿逆时针方向焊至时钟 9 点位置处断弧。

⑤ 将时钟 9 点位置和 11 点位置处的焊缝端部都打磨成斜面，然后从时钟 9 点位置处引弧，仍沿逆时针方向焊完封闭段焊缝，在 0 点位置处收弧，并填满弧坑。

注意：将正反手两段焊缝分为几段焊的目的是，使操作者在练习过程中掌握接头技术，一旦学会了接头，两段焊缝最好一次完成。

三、大径管水平转动对接焊

大径管比小径管好焊得多，当生产或安装工程中焊接壁厚超过 12 mm、直径大于 89 mm 的管子时，都需要考虑采取大管焊接方法。由于焊件的壁厚较大，必须采用多层多道焊。焊后进行 X 光射线探伤，并做冷弯试验。焊缝经 X 光射线探伤不合格的主要原因是由于存在夹渣和未熔合缺陷；冷弯试验时，背弯合格率稍差。因此，操作者在练习时，应注意焊接过程中控制好熔孔的直径，通常熔孔直径应比间隙大 1～2 mm，保证焊根熔合良好。

　　大径管水平转动对接焊时，一般是管子处在水平位置绕自身轴回转进行焊接，如图 5－72a 所示。如果是薄壁管焊接，焊丝应处于水平位置，相当于进行向下立焊；如果是壁厚管就应处于平焊位置进行焊接，焊丝逆转动方向偏离最高点 l 距离（l 称为位移），且位移 l 要适当，厚壁管焊接时焊丝位置对焊缝形状的影响如图 5－72b 所示。

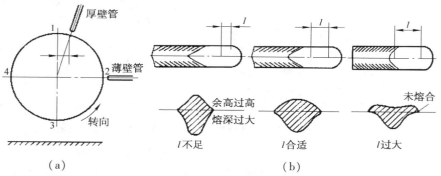

图 5－72　大径管水平转动焊时焊丝位置与焊道成形的关系

（a）焊丝偏离位置；（b）厚壁管焊丝位置的影响

　　焊接水平转动管最关键的问题是焊枪的位置，它将严重影响焊缝成形。特别是焊接厚壁管子时，焊枪应该在管子的上部，与管子转动方向相反，处于与中心线位移为 l 位置。位移 l 的大小对焊缝成形有明显的影响，l 太小时焊道堆高过大；太大时焊道满溢，焊缝两侧熔合不良，所以位移 l 应取合适数值。

　　1. 焊件的准备

　　（1）焊件材料采用 20 钢，焊件及坡口尺寸如图 5－73 所示。发现焊件不直或有其他缺陷时要进行矫平。

　　（2）用清洁工具清除管子坡口面及其端部内外表面 20 mm 范围内的油污、铁锈、水分及其他污物，至露出金属本来光泽。

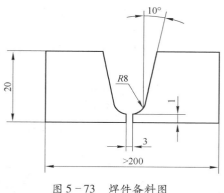

图 5－73　焊件备料图

171

2. 焊件装配技术要求

1）装配间隙　焊件装配时采用 3 mm 装配间隙,钝边为 1 mm。大管子对接件装配胎具如图 5 - 74 所示。

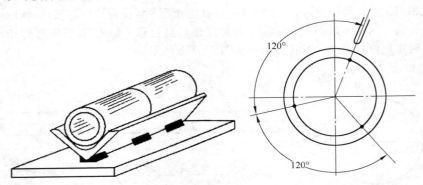

图 5 - 74　大径管对接焊件装配胎具　　　图 5 - 75　定位焊缝的位置

2）定位焊　定位焊采用三点定位,每个定位焊点各相距 120°,如图 5 - 75 所示,在坡口内进行定位焊,焊点长度为 10 ~ 15 mm。定位焊也要保证焊透和没有缺陷,其焊点两端最好预先打磨成斜缓坡。错边量必须不大于 2 mm。采用大管子水平转动的焊接方法。

3）焊接要求　大径管对接焊采用单面焊双面成形焊接技术。

3. 焊接材料

定位焊和正式焊接均采用 CO_2 气体保护焊方法进行施焊,选择 H08Mn2SiA 焊丝,焊丝直径为 1.0 mm,焊丝使用前要对焊丝表面进行清理;CO_2 气体纯度要求达到 99.5%。

4. 焊接设备

焊接采用半自动 CO_2 气体保护焊机进行施焊。

5. 操作过程

1）焊枪角度及焊接方法　大径管焊接时采用左焊法,多层多道焊,焊枪角度如图 5 - 76 所示。

2）起焊点　将焊件安置在焊接转动架上,使一个定位焊点处于时钟 1 点的位置。

3）焊接　各项准备工作完成好就可以开始进行焊接。

（1）焊接参数。大径管水平转动焊接采用 CO_2 气体保护焊时,可以

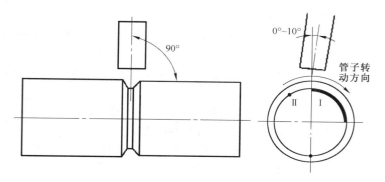

图5-76 大径管焊接的焊枪角度

选择表5-17的焊接参数进行参考。

表5-17 大径管水平转动焊的焊接参数

焊道层次	焊丝直径 （mm）	焊丝伸出长度 （mm）	焊接电流 （A）	电弧电压 （V）	气体流量 （L/min）
打底焊			80～900	19～21	
填充焊	1.0	15～20	150～160	20～22	12～15
盖面焊			130～140	20～22	

（2）打底焊。按打底焊的焊接参数调节焊机，在处于1点处的定位焊缝上引弧，并从右向左焊至11点处断弧。立即用左手将管子按顺时针方向转一角度，将灭弧处转到1点处再进行焊接。如此不断地重复上述焊接过程，直到焊完整圈焊缝为止。最好采用机械转动装置，边转边焊；或一人转动管子，另一人进行焊接；也可采用右手持焊枪，左手转动的方法，连续完成整圈的打底焊缝焊接。打底焊时应注意以下几点：

① 管子转动时，必须使熔池保持在水平位置，管子转动的速度就是焊接速度。

② 打底焊道，必须保证反面成形良好，所以焊接过程中要控制好熔孔直径，它应比间隙大0.5～1 mm。

③ 除净打底焊道的焊渣、飞溅，修磨焊道上的局部凸起。

（3）填充焊。调整填充焊的焊接参数，按照打底的方法焊接填充焊道，并注意如下事项：

① 焊枪横向摆动幅度应稍大，并在坡口两侧适当停留，保证焊道两

173

侧熔合良好,焊道表面平整,稍微下凹。

②控制好最后一层填充焊道的高度,使其低于母材 2～3 mm,并不得熔化坡口棱边。

(4)盖面焊。调整好盖面的焊接参数,焊完盖面焊道,并注意如下事项:

①焊枪横向摆动幅度应比填充焊时大,并在两侧稍作停留,使熔池超过坡口棱边 0.5～1.5 mm,保证两侧熔合良好。

②转动管子的速度要慢,保持水平位置焊接,使焊道外形美观。

6.焊接要求和标准

CO_2 气体保护大径管水平转动对接焊的焊接要求和标准见表 5-18。

表 5-18　CO_2 气体保护大径管水平转动对接焊的焊接要求和标准

焊接项目		焊接要求和标准
焊缝外观检查	焊缝宽度	≤14 mm
	焊缝宽度差	≤2 mm
	焊缝余高	0～4 mm
	焊缝余高差	≤3 mm
	错口	≤1 mm
	背面凹坑	深度≤4 mm
	背面焊缝余高	≤2 mm
	咬边	深度≤0.5 mm
	焊缝成形	要求波纹细腻、焊接均匀、光滑美观
	起焊熔合	要求起焊饱满熔合好
	接头	要求不脱节、不凸高
	夹渣或气孔	缺陷尺寸≤3 mm
	裂纹、烧穿	不明显
焊缝内部质量检查		符合有关熔化焊接头射线照相和质量分级的标准

四、大径管水平固定全位置焊

在船舶、锅炉、化工设备等制造及维修工作中,管子对接占有一定的比重,有许多水管、油管、蒸气管等需要进行焊接。对管子焊接的要求首先是保证焊缝的致密性,即保证管子在工作压力下不渗漏,其次焊缝背面不允许存在烧穿和漏渣。烧穿所引起的金属流淌凝固,凸出在管子内壁,将影响液体或气体的正常流动速度。

在管对接水平固定焊时,沿管周焊接方向不断变化,经历了平焊、立焊和仰焊三种焊接位置的变化,这就要求在焊接时不断地改变焊枪的角度和焊枪的摆动幅度来控制熔孔的尺寸,实现单面焊双面成形。管子对接主要是保证根部焊透且不烧穿,外观成形良好,致密性符合要求。焊接参数的选择要恰到好处。

1. 焊件的准备

(1)焊接材料采用 20 钢管,尺寸为 133 mm × 10 mm × 100 mm,坡口尺寸及装配要求如图 5 - 77 所示。发现焊件不直或有其他缺陷时要进行矫平。

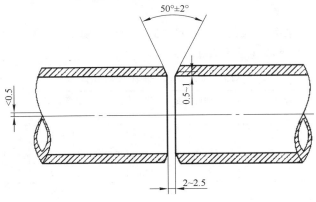

图 5-77 坡口尺寸及装配要求

(2)用清洁工具清理坡口及坡口正反两侧各 20 mm 范围内的油污、铁锈、水分及其他污染物,直至露出本身的金属光泽,并清除毛刺。

2. 焊件装配技术要求

(1)装配要求。焊件的装配间隙为 2 ~ 2.5 mm,两焊接管子的中心线(轴线)应在同一条线上,两中心线偏差(同轴度)应小于或等于 0.5 mm,如图 5 - 77 所示。焊接时要留有坡口钝边 0 ~ 1 mm。焊件错边量不大于 1.2 mm。

(2)定位焊。焊件定位焊时通常采用三点定位焊,位置在 3、9、12 点位置(以时钟为参照)左右,定位焊要求焊透根部,反面成形良好,不宜在

6 点定位焊,因为 6 点是起始焊点。管径小于 76 mm 的也可两点定位焊。定位焊缝长度为 10～20 mm,对定位焊缝要仔细检查,发现缺陷应铲除后重新进行定位焊。

（3）CO_2 气体保护大径管水平对接固定焊采用单面焊双面成形技术进行焊接。

3. 焊接材料

焊接时的定位焊和正式焊接时的焊缝均采用气体保护焊方法进行施焊,选择 H08Mn2SiA 焊丝,焊丝直径为 1.2 mm,焊丝使用前对焊丝表面要进行清理。CO_2 气体纯度要求达到 99.5%。

4. 焊接设备

CO_2 气体保护焊采用半自动 CO_2 气体保护焊机进焊接。

5. 操作过程

1）焊接参数　大径管水平对接固定焊接采用 CO_2 气体保护焊时,可以选择表 5-19 的焊接参数进行参考。

表 5-19　大径管水平固定焊的焊接参数

焊道层次	焊丝直径（mm）	焊丝伸出长度（mm）	焊接电流（A）	电弧电压（V）	气体流量（L/min）
打底焊			105～115	19～21	
填充焊	1.2	14～16	115～125	21～23	12～15
盖面焊			120～130	21～27	

2）焊接层次与焊接方法

（1）CO_2 气体保护大径管水平对接固定焊采用左焊法,焊接层次为三层四道。

（2）在施焊前及施焊过程中,应检查、清理导电嘴和喷嘴,并检查送丝情况。可按顺时针方向焊接,也可按逆时针方向焊接,焊枪与焊接方向、焊件两侧之间的夹角,如图 5-78 所示。

3）焊接操作　焊接采用分两个半圆焊接,自下而上单面焊双面成形。

（1）打底焊。在 6 点过约 10 mm 处引弧后开始焊接,焊枪作小幅度锯齿形摆动,如图 5-79a 所示。幅度不宜过大,只要看到坡口两侧母材金属熔化即可,焊丝摆动到两侧稍作停留。为了避免焊丝穿出熔池或未

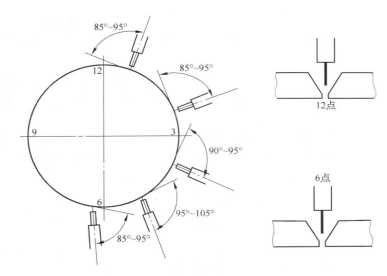

图 5 - 78　水平固定对接焊丝的位置

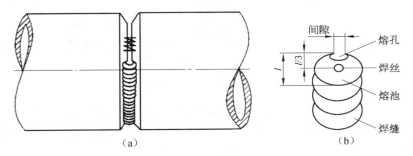

图 5 - 79　打底层的焊接

焊透,焊丝不能离开熔池,焊丝宜在熔池前半区域约 1/3 处(图 5 - 79b,l 为熔池长度)作横向摆动,逐渐上升。焊枪前进的速度要根据焊接位置的变化而变化,在立焊时,要使熔池有较多的冷却时间,避免产生焊瘤。既要控制熔孔尺寸均匀,又要避免熔池脱节现象的发生。当焊接到 12 点处时就收弧,相当于平焊收弧。

　　焊后半圈前,先将 6 点和 12 点处焊缝始末端磨成斜(缓)坡状,长度为 10 ~ 20 mm。在打磨区域中过 6 点处引弧,引弧后拉回到打磨区端部开始焊接;按照打磨区域的形状摆动焊枪,焊接到打磨区极限位置时听到

177

"噗"的击穿声后,即背面成形良好。接着像焊前半圈一样焊接后半圈,直到焊至距 12 点 10 mm 时,焊丝改用直线形或极小幅度锯齿形摆动,焊过打磨区域后收弧。

(2) 填充层。在填充层焊接之前,应将打底层焊缝表面的飞溅物清理干净,并用角磨机将接头凸起处打磨平整,清理好喷嘴,调试好焊接参数后,即可进行填充层焊接。

焊填充层的焊枪和打底层相同,焊丝宜在熔池中央 1/2 处左右摆动,采用锯齿形或月牙形摆动,如图 5 - 80 所示。焊丝在两侧稍作停留,在中央部位速度略快,摆动的幅度参照前层焊缝的宽度。

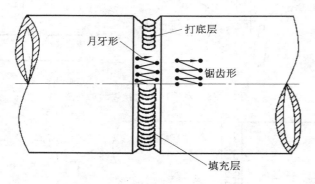

图 5 - 80　填充层焊丝的摆动

焊填充层后半圈前,必须把前半圈焊缝的始、末端打磨成斜坡形,尤其是 6 点处更应该注意。焊后半圈的方法基本上和前半圈相同,主要是对始、末端要求成形良好。焊完填充层后,焊缝厚度达到距管子表面 1 ~ 2 mm,且不能将管子坡口面边缘熔化。如发现局部高低不平,则应填平磨齐。

(3) 盖面焊。焊前将填充层焊缝表面清理干净。盖面层焊接操作方法与填充层相同,但焊枪横向摆动幅度应大于填充层,保证熔池深入坡口每侧边缘棱角 0.5 ~ 1.5 mm,电弧在坡口边缘停留的时间稍短,电弧回摆速度要缓慢。

在接头时,引弧点要在焊缝的中心上方,引弧后稍作稳定,即将电弧拉向熔池中心进行焊接。在盖面层焊接时,焊接速度要均匀,熔池深入坡口两侧尺寸要一致,以保证焊缝成形美观。

6. 焊接要求和标准

CO_2 气体保护大径管水平对接固定焊的焊接要求和标准见表 5 - 20。

表 5 - 20　CO_2 气体保护大径管水平对接固定焊的焊接要求和标准

焊 接 项 目		焊接要求和标准
焊缝外观检查	焊缝宽度	≤14 mm
	焊缝宽度差	≤2 mm
	焊缝余高	0 ~ 4 mm
	焊缝余高差	≤3 mm
	错　口	≤1 mm
	背面凹坑	深度≤4 mm
	背面焊缝余高	≤4 mm
	咬　边	深度≤0.5 mm
	焊缝成形	要求波纹细腻、焊接均匀、光滑美观
	接　头	要求不脱节、不凸高
	夹渣或气孔	缺陷尺寸≤3 mm
	角变形	≤3°
	裂纹、烧穿	不明显
冷弯试验		按照有关压力容器的焊接规则
焊缝内部质量检查		符合有关熔化焊接头射线照相和质量分级的标准

第六章　焊接应力与变形

第一节　概　述

在焊接过程中，由于焊接热源和焊接热循环的特点，使焊件受到不均匀的加热，因此焊接接头处的金属受热膨胀及冷却的程度也不一样，这样在焊件内部就产生了应力和变形。

由于焊件存在焊接变形，会造成尺寸及形状的技术指标超差，给随后的装配带来困难，降低了焊接结构的装配质量及承载能力。发生焊接变形的构件需要矫正，因此浪费了大量的工时和材料。当焊件的变形量过大，而且难以拆卸时，会导致产品报废，造成经济损失。

焊接应力是形成各种焊接裂纹的因素之一。在温度、金属组织状态及焊接结构拘束度等各项条件的相互作用下，当焊接应力达到一定值时，会形成热裂纹、冷裂纹以及再热裂纹，其结果是造成潜在的危险。已经发现宏观裂纹的焊接结构则需要返修或报废，将造成工时和材料的损失。由于存在焊接应力，降低了结构的承载能力。焊接结构中的残余应力与工作应力叠加时，则增加了构件所承受的应力水平，因而降低了结构的强度安全裕量，实际上降低了结构承载能力，当焊接应力超过材料的屈服点时，将会造成该区域的拉伸塑性变形，使材料的塑性受到损失。具有焊接应力的焊接构件，如果经过焊后机械加工则会破坏内应力的平衡，引起焊接构件的变形，影响加工尺寸的不稳定性。

由于焊接应力及变形直接影响焊接结构的产品质量和使用性能，因此应了解焊接应力及变形的产生原因，掌握控制和防止的方法。

一、焊接应力与变形的危害性

残留在焊接构件中的焊接应力(又称为焊接残余应力)会降低接头区实际承受载荷的能力。特别是当构件承受动载疲劳载荷时,有可能发生低应力破坏。对于厚壁结构的焊接接头、立体交叉焊缝的焊接区或存在焊接缺陷的区域,由于焊接残余应力使材料的塑性变形能力下降,会使构件发生脆性破裂。焊接残余应力在一定条件下会引起裂纹,有时导致产品返修或报废。如果在工作温度下材料的塑性较差,由于焊接拉伸应力的存在,会降低结构的强度,缩短使用寿命。

通常,焊件的焊接残余变形和残余应力是同时存在的,有时焊接残余变形的危害比残余应力的危害还要大。焊接残余变形使焊件或部件的尺寸改变,降低装配质量,甚至使产品直接报废。矫正变形是一件费时的事,也会增加制造成本,降低焊接接头的性能。另外,由于角变形、弯曲变形和扭曲变形使构件承受载荷时产生附加应力,因而会降低构件的实际承载能力,导致断裂事故发生。

二、焊接应力与变形产生的原因

焊接过程是对金属进行局部加热和冷却的过程,这会造成金属内部不均匀的膨胀与收缩,产生焊接变形和应力。

假设在焊接过程中焊件整体受热是均匀的,加热膨胀和冷却将不受拘束而处于自由状态,那么焊后焊件不会产生焊接残余应力和变形。

焊接时产生变形和应力的过程可借助金属棒的加热和冷却过程加以解释。

1. 金属棒在加热和冷却时产生变形和应力的原因

1)金属棒在加热和冷却时自由膨胀和收缩 金属棒在自由状态下加热发生膨胀(伸长),随后冷却时只发生收缩(缩短),冷却到室温后,金属棒又回到原来的长度,既没有发生变形,也没有产生应力。金属棒在加热和冷却时自由膨胀和收缩的过程见表6-1。

2)金属棒在加热时膨胀受阻、在冷却时收缩自由 金属棒加热时,膨胀受到阻碍,产生了压应力。在压缩应力的作用下,金属棒会产生一定的热压缩塑性变形,冷却时金属棒可以自由收缩,冷却到室温后金属棒长度有所缩短,应力消失。金属棒在加热时膨胀受阻、在冷却时收缩自由的过程见表6-2。

表6-1　金属棒在加热和冷却时自由膨胀和收缩的过程

应　力	无	无	无	无
变　形	原　长	伸　长	缩　短	原　长
加热过程	室　温	加　热	冷　却	室　温
膨胀自由 收缩自由				

表6-2　金属棒在加热时膨胀受阻、在冷却时收缩自由的过程

应　力	无	压应力	无	无
变　形	原　长	膨胀受阻	缩　短	缩短(中心变粗)
加热过程	室　温	加　热	冷　却	室　温
膨胀自由 收缩自由				

3) 金属棒在加热和冷却时膨胀和收缩都受拘束　金属棒在加热和冷却过程中都受到拘束,其长度几乎不能伸长也不能缩短。加热时金属棒内产生压缩塑性变形,冷却时的收缩使金属棒内产生拉应力和拉伸变形,当冷却到室温后金属棒长度几乎不变,但是金属棒内产生了较大的拉应力。金属棒在加热和冷却时膨胀和收缩都受到拘束的过程见表6-3。

表6-3　金属棒在加热和冷却时膨胀和收缩都受到拘束的过程

应　力	无	压应力	无	拉应力
变　形	原　长	膨胀受阻	收缩受阻	原长(中心变粗)
加热过程	室　温	加　热	冷　却	室　温
膨胀自由 收缩自由				

2. 焊接过程中产生变形和应力的原因

在焊接过程中,电弧热源对焊件进行了局部的不均匀加热。焊缝附近的金属被加热到高温时,由于受到其周围较低温度金属的阻碍,不得自由膨胀而产生了压应力。如果压应力足够大,就会产生压缩塑性变形。当焊缝及其附近金属冷却发生收缩时,同样也会由于受到周围较低温度

金属的拘束,不能自由地收缩,在产生一定的拉伸变形的同时,产生了焊接拉应力。

焊接残余应力和残余变形既同时存在,又相互制约。如果使残余变形减小,则残余应力会增大;如果使残余应力减小,而残余变形相应会增大,应力和变形同时减小是不可能的。

在实际生产中,往往焊后的焊接结构既存在一定的焊接残余应力,又产生了一定的焊接残余变形。

通过以上的分析可知:焊接过程中,对焊件进行局部不均匀的加热是产生焊接应力和变形的主要原因。焊接接头的收缩造成了焊接结构的各种变形。

三、焊接应力与变形的影响因素

1. 焊缝位置

若结构的刚性不大,焊缝在结构中的位置对称,施焊顺序合理,焊件上主要产生纵向收缩和横向收缩变形。如果焊缝布置不对称或焊缝截面重心与焊件截面重心不重合时,易引起弯曲变形或角变形。焊缝数目不相等时,弯曲的方向会朝向焊缝较多的一侧。

2. 结构刚度

刚性是指结构抵抗变形的能力。在承受相同的工作载荷情况下,刚性大的结构变形小,刚性小的则变形大。结构抵抗拉伸变形的刚性主要取决于结构的截面积,截面积越大,拉伸变形越小。结构抵抗弯曲变形的刚度,主要取决于结构的截面形状和尺寸。焊件长度、宽度和板厚也都影响变形量。

3. 装配和焊接顺序

装配和焊接顺序对焊接变形的影响较大,选择不当时,不但会影响整个工序的顺利进行,而且还会使焊件产生较大的变形。一般来说,焊件整体刚度比零部件的刚度要大,从增加刚度、减小变形的角度考虑,对于截面对称、焊缝对称的焊件,采用整体装配焊接,产生的变形较小。然而因焊件结构复杂,一般不能整体装配焊接,而是边装配边焊接,此时就要选择合理的装配焊接顺序,尽可能地减小焊接变形。

4. 焊接线能量

焊接线能量越大,焊接变形也越大。在焊件形状、尺寸及刚性形态一定的条件下,埋弧自动焊比手工电弧焊的变形大,这是由于埋弧自动焊输入的线能量大。因此选择线能量较低的焊接方法和焊接规范,可有效地防止或减小焊接变形。同样厚度的焊件,单道焊比多道焊的变形大,因为单道焊时焊接电流大,焊条摆动幅度大,坡口两侧停留时间长,焊接速度慢,所以焊接线能量大,产生的变形就大;而多层多道焊时,可采用较小的焊接电流,快速焊,不摆动,输入的线能量小,焊后变形小。

5. 焊缝长度和坡口形式

焊缝越长,焊接变形就越大。焊接变形还与坡口形式有关,坡口角度越大,熔敷金属的填充量越大,焊缝上下收缩量的差别也就越大,则产生的角变形大。例如:在同样厚度和焊接条件下,V 形坡口比 U 形坡口的变形大;X 形坡口比双 U 形坡口的变形大;不开坡口变形最小。此外装配间隙越大,则焊接变形越大。

6. 焊接方法

采用不同的焊接方法,如气焊、手工电弧焊、埋弧焊、气体保护焊等,所产生的焊接应力与变形情况也不相同。

7. 其他影响因素

焊接方向和顺序的不同,沿焊粉上热量分布不一样,冷却速度和冷却所受拘束不同,引起的焊接变形量的大小也不同。

材料的线膨胀系数越大,焊后的变形也越大。比如,铝及铝合金、不锈钢等材料的线膨胀系数大,焊后的变形就大。

焊接结构的自重、形状以及放置的状态等对焊接变形也有影响。

总之,在分析焊接变形时应综合考虑焊件变形的所有因素及每种因素的影响程度。

第二节　焊接应力

一、内应力及焊接应力

1. 内应力

金属在外力的作用下发生变形的同时,其内部也产生一种与外力相抗衡的内力。物体单位面积上引起的内力称为应力。受拉伸时所引起的是拉应力,受压缩时为压应力。金属的强度以它发生破坏前的最大应力(强度极限)来衡量。只要金属内部的应力达到或超过它的强度极限,金属就会发生开裂的现象。

根据引起内力的原因不同,可将应力分为两类:一类是工作应力,它是由外力作用于物体而引起的应力;另一类是内应力,它是由物体化学成分、金相组织及温度等因素变化,造成物体内部的不均匀变形而引起的应力。或者说,内应力是在没有外力作用下平衡于物体内部的应力。

内应力的显著特点是:在物体的内部,内应力是自然平衡的,形成一个内部平衡力系。内应力存在于许多工程结构中,如铆接结构、铸造结构、焊接结构等。焊接应力就是一种内应力。

2.焊接应力

焊接应力是焊接过程中及焊接过程结束后,存在于焊件中的内应力。焊接应力也是从焊接一开始就产生,并且随着焊接的进行而不断地改变其在构件中的分布。按照应力作用的时间不同,焊接应力可分为焊接瞬时应力和焊接残余应力。

焊接瞬时应力是指焊接过程中某一瞬间的焊接应力,它随时间的变化而变化。焊件冷却后,残留于焊件内的应力称为焊接残余应力,这种应力对结构的作用性能有影响。此外,金属在加热或冷却的过程中局部组织发生转变会引起组织应力,又称相变应力。上述这些应力都是在没有外力作用下产生的内应力。焊接时如果焊件在发生变形的过程中受到外界的限制,例如夹具夹紧情况下进行焊接,则在焊件中产生拘束应力,这种应力随着限制的去除而消失。过大的拘束应力会引起焊接裂纹。

焊件上的焊接应力分布可以用应力图来表示。图6-1所示为直接画在焊件所要研究的截面上的应力图。图6-1a表示纵向的焊接残余应力在1-1截面上的分布(习惯上规定平行焊缝轴线方向的应力称纵向应力,垂直焊缝轴线方向的应力称横向应力),内应力在垂直该应力的整个截面上应该是平衡的,有拉也有压,合力等于零。图中有"⊕"符号的为拉应力,有"⊖"符号的为压应力。图中a点的拉应力最大,它等于该材料的屈服强度σ_s,b点的应力为零,c点为压应力最大的地方。整条曲线就代表了截面上各点应力的大小与分布情况。图6-1b是2-2截面上横向的焊接残余内应力分布,中间部分为压应力,两端为拉应力。

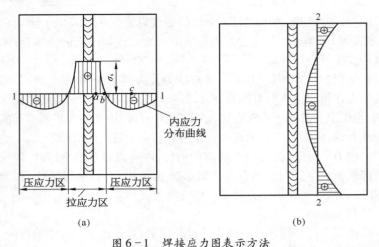

图6-1　焊接应力图表示方法

(a) 1-1截面纵向应力分布；(b) 2-2截面横向应力分布

二、焊接残余应力的调节

在整个焊接过程中,焊接应力始终存在并且是不断变化的。对于焊接性不良的金属,应力应变常常是产生焊接裂纹的原因之一。如果焊件刚性很大,且焊接顺序和方法不当,即使对于焊接性好的材料,例如低碳钢,也会产生焊接应力引起的裂纹。为此,应设法减小焊接应力,常用的方法有如下几种。

1. 采取合理的焊接顺序

不仅防止弯曲及角变形要考虑合理安排焊接顺序,而且减小应力也应选择合理的焊接顺序。

(1) 平面上的焊缝焊接时,要保证焊缝的纵向及横向(特别是横向)收缩不要受到较大的约束,例如,对接焊缝施焊时,焊接方向要指向自由端。因此,分段退焊法虽能减少一些变形,但焊缝横向收缩受阻较大,故焊接应力较大。

(2) 收缩量最大的焊缝应当先焊。因为先焊的焊缝收缩时受阻较小,故应力较小。例如,一个结构上既有对接焊缝,也有角接焊缝时,应先焊对接焊缝,因为对接焊缝的收缩量较大。

(3) 在焊接带有交叉焊缝的接头时,必须采用保证交叉点部位不易产生缺陷的焊接顺序。例如,丁字形焊缝和十字交叉焊缝应按图6-2所示顺序焊接,才能使焊缝横向收缩比较自由,有助于避免在焊缝的交点处产生裂纹。同时焊缝的起弧和收尾也要避开交点,或虽然在交点上,但在焊相交的另一条焊缝时,起弧或收尾处已先被铲掉。大型油罐、船壳建造等大面积拼板焊接中必须注意这一点。

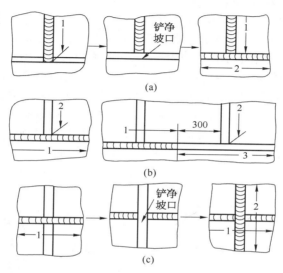

图6-2　交叉焊缝的焊接顺序

(a)丁字形焊缝的焊接顺序;(b)丁字形焊缝(左图顺序不正确,右图正确);
(c)十字交叉焊缝的焊接顺序

2. 预先留出保证焊缝能够自由收缩的余量

船体或容器上,常常要将已有孔用钢板堵焊起来(图6-3)。这种环焊缝沿着纵向及横向均不能自由缩短,因此产生很大的焊接应力,在焊缝区特别是在焊第1、2层焊缝时,很容易产生被应力撕裂的热应力裂纹。这种裂纹产生在温度下降过程中,总是沿着薄弱的断面开裂。克服的方法之一是将补板边缘压成一定的凹鼓形,如图6-4所示。焊后补板由于焊缝

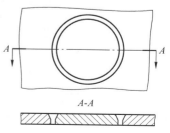

图6-3　结构件上孔的堵焊

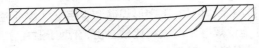

图 6-4　补板焊接法

收缩而被拉平,起到减小焊接应力变形,避免裂纹的作用。

3. 开缓和槽减小应力法

厚度大的工件刚性大,焊接时容易产生裂纹。在不影响结构强度性能的前提下,可以采用在焊缝附近开缓和槽的方法。这个方法的实质是减小结构的局部刚性,尽量使焊缝有自由收缩的可能。图 6-5a 所示圆形封头,需要补焊上一塞块。因钢板较厚,又是封闭焊缝,故焊后易裂。采取在靠近焊缝的地方开缓和槽的方法(图 6-5b)以减小该处的刚性,焊接时就可避免裂纹。图 6-6 所示为一锻焊结构,锻制是圆环套在轴上,焊接角焊缝。因为材料是合金钢,而且很厚,焊接时预热有困难。开缓和槽后,局部预热容易进行,焊接时可避免产生裂纹。图 6-7a 所示为

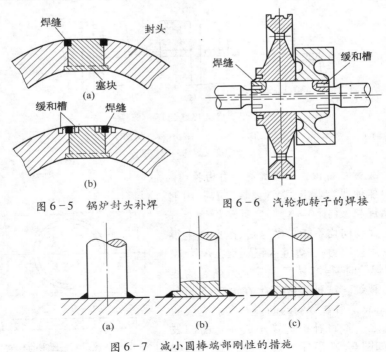

图 6-5　锅炉封头补焊　　　图 6-6　汽轮机转子的焊接

图 6-7　减小圆棒端部刚性的措施

一圆棒焊到厚板上的结构,封闭焊缝刚性大,焊后易裂,采取图 b 或图 c 所示的措施即可避免裂纹。

4. 采用冷焊的方法

采用这种方法的原则是使整个结构上的温度分布尽可能均匀。即要求焊接部分这个"局部"的温度应尽量控制得低些,同时这个"局部"在结构这一"整体"中所占的面积范围应尽量小些。与此同时,结构的整体温度则越高越好。例如:冬季室内比室外好,升温到 30～40℃ 的环境温度比一般室温好。这种造成结构中温差尽可能小的方法,能有效地减小焊接应力和由此引起的热应力裂纹。

具体操作如下:

(1) 采用小直径的焊条,选用焊接电流偏低的焊接参数。

(2) 每次只焊很短的一道焊缝。例如,焊铸铁每道只焊 10～40 mm。焊刚性大的构件,如图 6-4 所示补板,每次焊半根焊条。每道焊缝焊完后,要等温度降到不烫手时,才能焊下一道。

(3) 同时采用锤击焊缝的办法。在每道焊缝的冷却过程中,用小锤锻打焊缝,使焊缝金属受到锻打减薄而向四周伸长,抵消一些焊缝收缩,起到减小焊接应力的作用。图 6-4 所示补板焊接也可以采用这种冷焊法避免裂纹,但比起将补板预先加工成凹鼓形的工艺方法,效果差些。有时可把两种方法结合起来使用。注意在每道只焊半根到一根焊条的前提下,第一层焊缝断面尽量厚大些。用冷焊法还成功地补焊了大量的汽缸等铸铁件。补焊的铸铁件易从熔合线撕裂,故每一道焊缝的断面应稍薄些,以减少裂纹。

5. 整体预热法

用这种方法减小焊接应力的原则与冷焊法在本质上是相似的,即同样是焊接区的温度和结构整体温度之间的差别减小。差别越小,冷却以后焊接应力也越小,产生裂纹的倾向也越小。铸铁件的热焊、许多耐磨合金堆焊时整体预热的目的之一,就是缩小这种温度差别,减小焊接应力,从而起到防止裂纹的作用。预热还可以起到其他作用,对于不同的金属,这些作用也不同。例如:热焊用于铸铁补焊有助于避免白口,用于耐磨堆焊则有助于改善堆焊层金属和母材的组织和性能等。由于整体加热的作用和被加热件不同,故加热温度也各不相同。

6. 采用加热"减应区"法

众所周知,焊接过程是不均匀加热过程,焊接部位受热时的膨胀和冷却时的收缩受到焊件其他部位的阻碍(或约束),肯定要产生应力。只有伸缩自由,应力才能避免或减少。

　　加热"减应区"法就是加热那些阻碍焊接区自由伸缩的部位("减应区"),使之与焊接区同时膨胀和同时收缩,起到减小焊接应力的作用。这种方法又称加热去除约束法。

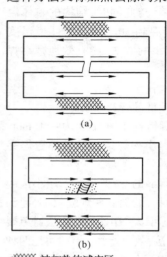

图 6-8 为加热"减应区"法示意图。图中"日"形框架中部断裂需补焊修复,补焊时,常因焊缝横向收缩大而产生裂纹。为此,焊前先在两侧"减应区"同时加热(一般用气焊炬),该区受热膨胀而伸长,把还没有受热的焊接部位的对接间隙拉开,拉开的距离取决于"减应区"加热时伸长的数值。此时立即进行补焊,焊接结束时焊接区和"减应区"同时处于高温状态,接着两区同时冷却同时收缩(图 6-8b),相互不发生阻碍,结果减小了焊接应力。

　　这种方法在铸铁补焊中应用最多也最有效。应用此法成败的关键在于正确选择加热部位,总的原则是选择那些阻碍焊接区膨胀和收缩的部位。由于实际结构的形状复杂,难免有时选错加热部位。检验加热部位是否选择正确的方法是用气焊炬在该处试加热一下,若焊接缝隙处张开,则表示选择正确,否则不正确。下面介绍几种选择"减应区"的例子。

　　图 6-9 所示是属于选择整个焊件某一个横截面作为加热部位。待焊处也在

▨▨▨ 被加热的减应区

▨ 焊接受热区

━━▶ 热膨胀或冷却收缩方向

图 6-8 加热
"减应区"法示意图

(a) 加热"减应区"时,
焊口间隙增大;

(b) 焊后焊接受热区与
"减应区"一起冷却收缩

这一横截面上。这样做就相当于把整个焊件分成左右或上下两截。当加热该截面而膨胀时,这两截面各自向两端自由移动;焊后冷却时,又自由地收缩回来,结果应力降低。

　　图 6-10 所示是属于加热部位与待焊处不在同一横截面上,而是在其他部位的横截面上。这类焊件多属于框架或杆系结构,其加热部位都

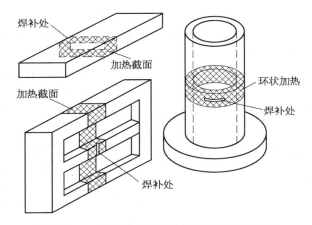

图 6-9 以整个横截面为加热"减应区"的方法

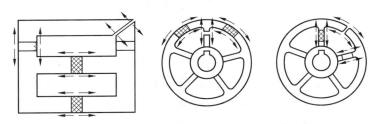

图 6-10 加热部位与待焊处不在同一横截面上

在两个以上,且必须同时加热。各处加热膨胀的综合结果是引起待焊处的张开位移。在这种情况下进行焊接,应力减少。

图 6-11 所示为选择那些与其他部位联系不多,即使受热膨胀也对其他部位影响不大的局部区域为加热"减应区",如工件的边、角、棱、筋、

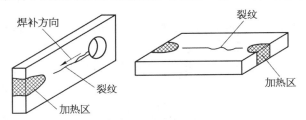

图 6-11 选择与其他部位联系不多的区域加热

(注:补焊处用裂纹缺陷表示,焊前均应开坡口)

191

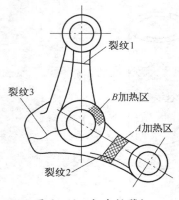

图6－12　机车摇臂柄
不同断裂处的局部加热区

凸台等。由于这种方法具有局部加热性质，所以减少应力的效果不如前两种方法。

图6－12为机车摇臂柄断裂补焊采取加热减应的实际例子。裂纹1位于摇臂端部而且是完全断裂，补焊该处时端部可以自由伸缩，故焊前无需采取加热减应措施；裂纹2也位于摇臂端部，但没有断成两截，补焊前必须沿缺陷所在的截面进行加热（图中A加热区），使端部获得自由伸缩，以减小焊接处的应力，裂纹3补焊时，只需在B加热区加热，并保证该区热透，否则效果相反。

三、焊后消除内应力的方法

1. 要求消除焊接残余应力的情况

某一结构，焊后是否要热处理，通常由设计部门根据钢材的性能、板厚、结构的制造及使用条件等多种因素综合考虑后决定。对于某类产品，既要通过必要的科学实验，也要分析这类产品在国内外长期使用中所出现过的事故，确定在什么情况下必须进行消除焊接残余应力的处理。下面介绍一些要求消除残余应力的情况。

（1）大型受压容器。各种材质的焊接容器都有一个设计的壁厚界限。容器厚度超过这个界限时，要求消除残余应力，才能保证使用安全。特别是有可能在低温下运输、安装、启动或使用时，更需慎重考虑残余应力的不利影响。

（2）对焊后要求机械加工的构件，多数情况下，应做消除残余应力的热处理（高温回火或称消除应力退火）。否则在加工过程中，结构中的内应力重新分布，造成尺寸不稳定，也就是在机械加工过程中，因应力不断地改变分布状态，使尺寸也处在不断变化中。如：机车或船用大型柴油机焊接结构缸体、焊接结构机床部件等。

（3）有产生应力腐蚀破坏可能性的结构。

（4）某些屈服强度大于500 MPa的常用低合金结构钢，焊后要求及时进行回火处理,其作用之一是消除焊接残余应力,避免裂纹,同时对改善焊接接头的力学性能也有好处。

2. 消除焊接残余应力的方法

1）整体高温回火(亦称整体消除应力退火) 将焊接结构整体放入加热炉中,并缓慢地加热至一定温度。对低碳钢结构加热至 600 ~ 650℃,并保温一定时间(一般按每毫米厚保温 4 ~ 5 min,但不得少于 1 h),然后在空气中冷却或随炉缓冷。考虑到自重可能引起构件的弯曲变形,故放入炉子时要把构件支垫好。

整体高温回火消除焊接残余应力的效果最好,可将80% ~ 90%以上的残余应力消除掉,是生产中应用最广的一种方法。

2）局部高温回火 对焊接结构应力大的部位及其周围加热到比较高的温度,然后缓慢地冷却。这样做并不能完全消除焊接内应力,但可降低残余内应力的峰值,使应力分布比较平缓,起到部分消除应力的作用。

3）低温处理消除焊接应力 这种方法的基本原理是利用在结构上进行不均匀的加热造成适当的温度差来使焊缝区产生拉伸变形,从而达到消除焊接应力的目的。具体做法是在焊缝两侧(图 6-13)做一对宽 100 ~ 150 mm、中心距为 120 ~ 270 mm 的氧-乙炔火焰喷嘴加热构件表面,使之达 200℃左右。在火焰喷嘴后一定距离,喷水冷却,造成加热区与焊缝区之间一定的温差。由于两侧温度高于焊缝区,便在焊缝区产生拉应力,于是焊缝区金属被拉长,达到部分消

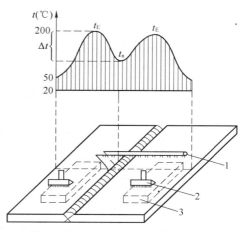

图 6-13 低温消除焊接应力示意图
t_E—加热区温度; t_n—焊缝区温度; Δt—温度差;
1—冷却水管; 2—火焰喷嘴; 3—加热区

除焊缝拉伸内应力的目的。这种方法属于机械法消除内应力,目前已在生产中应用。

4）整体结构加载法 把已经焊好的整体钢结构,根据实际情况进

行加载,使结构内部应力接近屈服强度,然后卸载,能达到部分消除焊接应力的目的。例如:容器结构可以在进行水压试验的同时,消除部分残余应力。但应注意,用这种方法处理后,结构会产生一些残余变形。

5)振动法 把振动器放在焊接结构件适当部位进行多次循环振动,内应力即可减小。这是一种新的方法,其优点是设备简单而价廉,成本低,工时消耗少,又没有高温回火引起金属氧化的问题。

第三节 焊接变形

一、焊接变形的种类

焊接结构的整体变形因构件不同而异。常见的变形有:钢板对接焊接会产生长度缩短,宽度变窄的变形;采用 V 形坡口时会产生角变形;钢板较薄时,还可能产生波浪变形;对异型钢梁的焊接会产生扭曲变形等。焊接变形的基本形式如图 6-14 所示。一般来说,构件焊接后有可能同时产生几种变形。

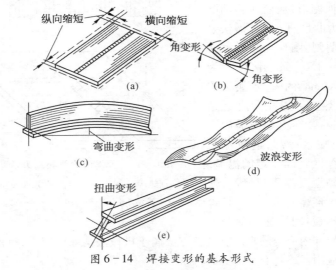

图 6-14 焊接变形的基本形式

(a)纵向缩短和横向缩短;(b)角变形;(c)弯曲变形;(d)波浪变形;(e)扭曲变形

1. 纵向缩短和横向缩短

1）纵向缩短 焊件在变形后沿着焊缝长度方向的缩短称为纵向缩短，焊缝的纵向收缩变形值随焊缝长度、焊缝熔敷金属截面积的增加而增加，随整个焊件垂直焊缝的横截面积的增加而减少。同样厚度的焊件，多层多道焊时产生的纵向收缩变形量比单层焊少。对接和角接焊缝的纵向变形收缩率见表 6－4。

表 6－4 对接和角接焊缝的纵向变形收缩率 （mm/m）

对接焊缝	连续角焊缝	断续角焊缝
0.15 ~ 0.3	0.2 ~ 0.4	0 ~ 0.1

2）横向缩短 焊件在焊后垂直于焊缝方向发生的收缩称为横向缩短，横向缩短的变形量随焊接热输入的提高而增加，随板厚的增加而增加。

2. 角变形

角变形是在焊接时由于焊缝区域沿着板材厚度方向不均匀的横向收缩而引起的回转变形，角变形的大小以变形角 α 进行度量，如图 6－15 所示。在堆焊、搭接和 T 形接头的焊接时，往往也会产生角变形。

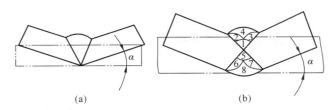

图 6－15 角变形

（a）V 形坡口对接接头焊后角变形；（b）双 V 形坡口对接接头焊后角变形

焊接角变形不但与焊缝截面积形状和坡口形式有关，还与焊接操作方法有关。对于同样的板厚和坡口形式，多层焊比单层焊角变形大，焊接层数越多，角变形就越大。

3. 弯曲变形

弯曲变形主要是结构上的焊缝布置不对称或焊件断面形状不对称，焊缝收缩引起的变形。弯曲变形的大小用挠度 f 进行度量。挠度 f 是指焊后焊件的中心轴偏离焊件原中心轴的最大距离，如图 6－16 所示。

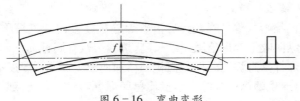

图 6-16 弯曲变形

4. 扭曲变形

如果焊缝角变形沿长度方向分布不均匀,焊件的纵向有错边,或装配不良,施焊顺序不合理,致使焊缝纵向收缩和横向收缩没有一定的规律,会引起构件的扭曲变形。

5. 波浪变形

由于结构刚度小,在焊缝的纵向收缩、横向收缩综合作用下造成较大的压应力而引起的变形称为波浪变形。薄板容易产生波浪变形,此外当几条焊缝离得很近时,由于角焊缝的角变形连在一起也会形成波浪变形。

通过上述分析,说明焊后焊缝的纵向收缩和横向收缩是引起各种变形和焊接应力的根本原因。同时还说明焊缝的收缩能否转变成各种形式的变形,还与焊缝在结构中的位置、焊接顺序和方向以及结构的刚性大小等因素有直接的关系。

二、焊接变形的控制与矫正

1. 设计措施

1)设计合理的焊接结构 设计合理的焊接结构,包括合理安排焊缝的位置,减少不必要的焊缝;合理选用焊缝形状和尺寸等。如对于梁、柱一类结构,为减小弯曲变形,应尽量采用焊缝对称布置。

2)选用合理的焊缝尺寸 焊缝的形状和尺寸不仅关系到焊接变形,而且还决定焊工的工作量大小。焊缝尺寸增加,焊接变形也随之增大,但过小的焊缝尺寸,会降低结构的承载能力,并使接头的冷却速度加快,产生一系列的焊接缺陷,如裂纹、热影响区硬度的增加等。因此在满足结构的承载能力和保证焊接质量的前提下,根据板厚选取工艺上可能的最小焊缝尺寸。如常用于肋板与腹板连接的角焊缝,焊脚尺寸就不宜过大,所以一般对焊脚尺寸都有相应的规定。表 6-5 是低碳钢焊缝的最小焊脚尺寸推荐值。

表 6-5 低碳钢焊缝的最小焊脚尺寸推荐值 （mm）

板　　厚	≤6	7~13	19~30	31~35	51~100
最小焊脚	3	4	6	8	10

焊接低合金钢时,因对冷却速度比较敏感,焊脚尺寸可稍大于表中的推荐值。

3）尽可能地减少焊缝的数量　适当选择板的厚度,可减少肋板的数量,从而可以减小焊缝和焊后变形矫正量,对自重要求不严格的结构,这样做即使重量稍大,仍是比较经济的。

对于薄板结构则可以用压型结构代替肋板结构,以减少焊缝数量,防止焊接变形。

4）合理安排焊缝位置　焊缝对称于构件截面的中心轴,或使焊缝接近中心轴,可减小弯曲变形,焊缝不要密集,尽可能避免交叉焊缝,如焊接钢制压力容器在组装时,相邻筒节的纵焊缝距离、封头接缝与相邻筒节纵焊缝距离应大于3倍的壁厚,且不得小于100 mm。

2. 工艺措施

在焊接时采取适当的工艺措施,具体包括选择合理的装配顺序和焊接顺序、反变形法、热处理法、对称施焊法、刚性固定法、分层焊接法、散热法和锤击法等,可以控制或矫正焊接变形。

1）选择合理的装配顺序和焊接顺序

（1）选择合理的装配顺序。刚性大的结构变形小,刚性小的结构变形大。一个焊接结构的刚性是在装配、焊接过程中逐渐增大的,装配和焊接顺序对焊接结构变形有很大的影响。因此在生产上常利用合理的装配顺序来控制变形。对于截面对称、焊缝也对称的结构,采用先装配成整体,将结构件适当地分成部件,分别装配、焊接,然后再拼焊成整体,使不对称的焊缝或收缩量较大的焊缝能比较自由地收缩而不影响整体结构。然后再用合理的焊接顺序进行焊接,就可以减小变形。按此原则生产制造复杂的焊接结构,既有利于控制焊接变形,又缩短了生产周期。

（2）选择合理的焊接顺序。如果只有合理的装配顺序而没有合理的焊接顺序,变形照样会发生。因此大面积的平板拼接时必须还要有合理的焊接顺序。

①焊缝对称时采用对称焊。当焊接结构具有对称布置的焊缝时,如

采用单人先后的顺序施焊,则由于先焊的焊缝具有较大的变形,所以整个结构焊后仍会有较大的变形。具有对称布置的焊缝采用对称焊接(最好两个焊工对称地进行),使得由各条焊缝所引起的变形相互抵消。如果不能完全对称地同时进行焊接,允许焊缝先后焊接,但在焊接顺序上尽量做到对称,这样也能减小结构的变形。

② 焊缝不对称时,先焊焊缝少的一侧。因为先焊的焊缝变形大,故焊缝少的一侧先焊时引起的总变形量不大,再用另一侧多的焊缝引起的变形来加以抵消,就可以减小整个结构的变形,这样焊后的变形量最小。

③ 复杂结构装焊。对于复杂的结构,可先将其分成几个简单的部件分别装焊,然后再进行总装焊接。这样可使那些不对称焊缝或收缩量较大的焊缝尽可能地自由收缩,不至于影响到整体结构,从而控制整体焊接变形。

④ 长焊缝焊接。对于焊件上的长焊缝,根据长度大小采用不同的焊接方向和顺序。如焊缝在 1 m 以上时,可采用分段焊法、跳焊法;对于中等长度(0.5 ~ 1 m)的焊缝,可采用分中对焊法。另外在焊接重要构件的焊缝(如压力容器等)时,必须按工艺要求认真操作,保证焊缝的质量。

⑤不同焊缝焊接。如果在结构中有几种形状的焊缝,应首先焊对接焊缝,然后焊角焊缝及其他焊缝。组合成圆筒形焊件时,应首先焊纵向焊缝,然后焊横向焊缝。

2)反变形法　为了抵消焊接变形,在焊接前装配时先将焊件向与焊接变形相反的方向进行人为的变形,这种方法称为反变形法。例如 V 形坡口单面对接焊的角变形,采用反变形后,变形基本得以消除,如图 6－17 所

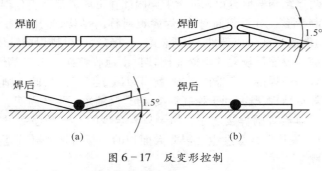

图 6－17　反变形控制

(a)无反变形;(b)预装反变形

示。有时为了消除变形可在焊前先将焊件顶弯。

对于较大刚性的大型工件(如桥式起重机),下料时可将构件制成预定大小和方向的反变形。这种构件通常是采用腹板顶制上拱的办法来解决,在下料时预先将两侧腹板拼焊成具有大于桥式起重机跨度 1/1 000 的上拱。

3)刚性固定法 焊前对焊件采用外加刚性拘束,强制焊件在焊接时不能自由变形,这种控制变形的方法称为刚性固定法。但这种方法会使得焊接接头中产生较大的残余应力,对于一些焊后易裂的材料应该谨慎使用。

4)分层焊接法 焊接厚度较大的焊件时,采用分层焊接可减小焊接应力和变形。为了减小内应力,每一层最好焊成波浪形焊缝,如图 6-18 所示。焊接时第二层焊缝要盖住第一层焊缝,其焊缝比第一层长一倍;第三层焊缝要盖住第二层焊缝,长度比第二层长 200~300 mm,最后将短焊缝补满。这种方法可利用后面层焊接的热量对前层焊缝进行保温缓冷,消除应力,减小变形并防止焊缝产生裂纹。

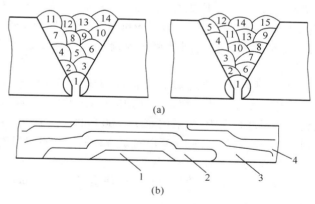

图 6-18 分层焊接与波浪形焊缝

(a)焊缝横截面分布;(b)焊缝纵截面及顺序

5)焊前的预热和焊后热处理 对焊件进行焊前的预热既可减小焊件加热部分和未加热部分之间的温差,又可降低焊件的冷却速度,达到减小内应力和焊件变形的效果。

预热温度的高低一般由焊件的含碳量来决定。一般情况下,碳钢预热温度为 250～450℃;铝材预热温度为 200～300℃。

焊接结束后能够在炉中或保温材料中缓冷(退火),或进行回火处理,内应力大大减小。焊后在炉中保温时间一般是 12～2 h,也可保温 24 h 以上。回火在炉中进行,回火加热温度为 600～650℃,保温一定时间后随炉冷却。

6) 散热法　焊接时用强迫冷却方法使焊接区域散热,由于受热面积减小而达到减小变形的目的。强制冷却可将焊缝周围浸入水中,也可使用铜冷却块增加焊件的散热。散热法对减小薄板焊件的焊接变形比较有效,但散热法不适用于焊接淬硬性较大的材料。

3. 焊接变形的矫正方法

焊接结构在生产过程中虽然采取了一系列措施,但是焊接变形总是不可避免的。当焊接产生的残余变形值超过技术要求时,必须采取措施加以矫正。

焊接结构变形的矫正有两种方法:机械矫正法和火焰矫正法。

1) 机械矫正法　采用手工锤击、压力机等机械方法使构件的材料产生新的塑性变形,这就使原来多段的部分得到了延伸,从而矫正了变形,对于薄板拼焊的矫正常采用多辊平板机碾压;对于焊缝比较规则的薄壳结构,常采用窄轮碾压机的圆盘碾压焊缝及其两侧使之延伸来消除变形。

2) 火焰矫正法　火焰加热所产生的局部压缩塑性变形,使较长的金属材料在冷却后缩短来消除变形。使用时应控制加热的温度及位置。对于低碳钢和普通低合金钢,常采用 600～800℃ 的加热温度。由于这种方法需要对构件再次加热至高温,所以对于合金钢等材料应当谨慎使用。

(1) 火焰矫正的方法有以下三种:

① 点状加热法。多用于薄板结构。加热直径 $d \geqslant 15$ mm,加热点中心距 a 为 50～100 mm。

② 线状加热法。多用于矫正角变形、扭曲变形及筒体直径过大或椭圆度。

③ 三角形加热法。多用于矫正弯曲变形。

(2) 利用火焰矫正方法的注意事项如下:

① 矫正变形之前应认真分析变形情况,指定矫正工作方案,确定加热位置及矫正步骤。

② 认真了解被矫正结构的材料性质。焊接性好的材料,火焰矫正后材料性能变化也小。对于已经热处理的高强度钢,加热温度不应超过其回火温度。

③ 当采用水冷配合火焰矫正时,应在当钢材冷到失去红态时再浇水。

④ 矫正薄板变形若需锤击试验应用木锤。

⑤ 加热火焰一般采用中性焰。

第七章　焊工安全知识

第一节　安全用电及个人防护

焊接属于特种工作业,焊接时对操作者本人,尤其对他人和周围设施的安全有重大的危害。为了加强特种作业人员的安全技术培训、考核和管理,实现安全生产,提高经济效益,从事焊接作业人员必须进行安全教育和安全技术培训,取得操作证方能上岗独立作业。

焊接作业中要经常与电气设备、易燃易爆物质、压力容器等接触,如果安全措施不当或工作疏忽,很容易造成事故。为了保障操作者的安全,改善卫生条件,防止工伤事故和减少经济损失,焊接过程中如不严格遵守安全操作规程,就可能发生触电、火灾甚至爆炸事故。因此每个操作者都必须牢固树立安全第一的思想,掌握安全防护知识,自觉遵守安全操作规程,才能防止事故的发生。

一、安全用电

1. 电流对人体的危害

电流对人体的危害主要有三种类型, 即电击、电伤和电磁场生理伤害。

1) 电击　电流通过人体内部,破坏心脏、肺部或神经系统的功能称为电击,通常称触电。

2) 电伤　接通电流加热工件或人体外部被加热工件的火花飞溅落到皮肤上引起的烧伤称为电伤。

3) 电磁场生理伤害　在高频电磁场的作用下,使人出现头晕、乏力、记忆力减退、失眠多梦等神经系统的症状。

2. 用电的安全知识

焊机的安全使用在于防止设备损坏和预防触电。焊接过程中工作场地所有网路电压为 380 V 或 220 V,焊机的空载电压一般都在 60 V 以上。当通过人体的电流超过 0.05 A 时就有生命危险,0.1 A 电流流过人体时只要 1 s 就会致命。流过人体的电流不仅取决于线路电压,而且与人体电阻有关。人体电阻包括自身电阻和人身上的衣服、鞋等附加电阻。干燥的衣服、鞋及场地会使人体电阻增加;自身电阻与人的精神、疲劳状态有关。人体电阻一般在 800 ~ 5 000 Ω 之间变化,当人体电阻降至 800 Ω 时 40 V 电压就会有生命危险。所以焊机的电源电压、二次空载电压(70 V 以上)都远远超过了安全电压(36 V),如果设备漏电就可能造成触电事故。因此,焊工应注意安全用电,掌握电气安全技术。电气安全要求见表 7 - 1。

表 7 - 1　电气安全要求

焊接方法	安 全 技 术 要 点
电弧焊、气体保护焊、电子束焊、等离子弧焊接及等离子弧切割	1. 外壳应接地,绝缘应完好,各接线点应紧固可靠。焊炬、割炬和电缆等必须良好 2. 焊机空载电压不能太高。一般弧焊电源:直流 ≤100 V,交流 ≤80 V;等离子弧切割电流空载电压高达 400 V,应尽量采用自动切割,并加强防触电措施 3. 焊机带电的裸露部分和转动部分必须有安全保护罩 4. 用高频引弧或稳弧时应对电缆进行屏蔽。电子束焊设备还应做到: 　(1) 电压 ≥204 V 时,应有铅屏防护或进行遥控操作 　(2) 定期检查设备的放射性($\leq 5.16 \times 10^{-7}$ C/kg)
压力焊	1. 焊机及控制箱必须可靠接地 2. 由于控制箱内某些元件电压可达 650 V 左右,所以检查时要特别小心,工作时应关闭焊机门 3. 要采取措施防止焊接时金属飞溅灼伤工人和引起火灾

焊工在操作时应注意以下问题:

(1) 焊接设备的安装、修理和检查必须由电工进行,焊工不得自行处理。

(2) 防止电焊钳与焊件短路。在锅炉、容器内焊接结束时,应将焊钳放在安全地点或悬挂起来,然后再切断电源。

（3）电缆线应有良好的绝缘，破皮、漏电处应及时修好。

（4）使用闸刀开关时，焊工应戴好干燥手套，同时面部应躲开，以防产生电弧引起烧伤。

（5）在锅炉、容器内焊接时，焊工必须穿绝缘鞋，戴皮手套，脚下垫绝缘垫，以保持人体与焊件间的良好绝缘。同时应由两人轮换工作，以便相互照顾。

（6）使用工作灯时，其电压不得超过 36 V。

（7）遇到有人触电时，切不可赤手去拉触电者，应迅速切断电源进行抢救。

二、个人防护

焊工在现场施焊，为了安全，必须按国家规定，穿戴好防护用品，如图7-1所示。焊工的防护用品较多，主要有防护面罩、头盔、防护眼镜、防噪声耳塞、安全帽、工作服、手套、绝缘鞋、防尘口罩、安全带、防毒面具及披肩等。

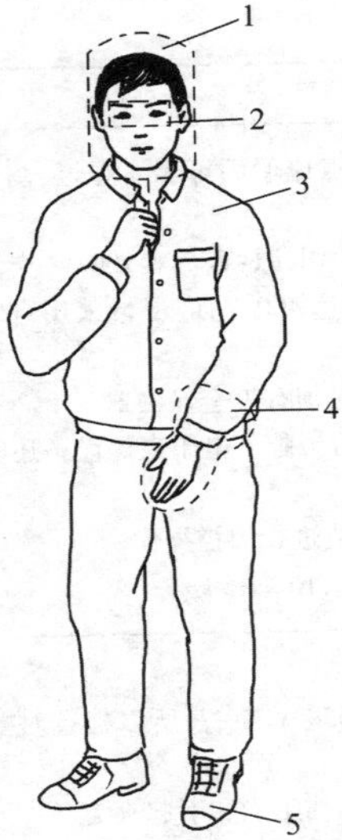

1. 焊接防护面罩

焊接防护面罩是一种用来防止焊接飞溅、弧光及其他辐射对焊工面部及颈部损伤的一种遮盖工具，最常见的面罩有手持式面罩和头盔式面罩两种。而头盔式面罩又分为普通头盔式面罩、封闭隔离式送风焊工头盔式面罩及输气式防护焊工头盔式面罩三种。

普通头盔式面罩戴在焊工头上，面罩主体可以上下翻动，便于焊工用双手操作，适合各种焊接方法操作时防护用，特别适用于高空作业，焊工一手握住固定物保持身体稳定、另一手握焊钳焊接。封闭隔离式送风焊工头盔式面罩，主要应用在高温、弧光强、发尘量高的焊接与切割作业，如 CO_2 气体保护焊、氩弧焊、空气碳弧气刨、等离子弧切割及仰焊等，该面罩

图 7-1　焊工个人
劳动防护用品

1—面罩；2—护目镜；
3—工作服；4—焊工手套；
5—工作鞋

在焊接过程中使工焊工呼吸畅通、既防尘又防毒。不足之处是价位较高，设

204

备较复杂(有送风系统),焊工行动受送风管长度限制。输气式防护焊工
头盔式面罩主要用于熔化极氩弧焊,该面罩有新鲜空气连续不断地供给
眼、鼻、口处,特别是在密闭的空间内焊接,能够隔离氩弧焊产生的臭氧及
大量烟尘,从而起到保护作用。

　　手持式焊接面罩如图7-2所示,目前已经采用了护目镜可启闭的
MS型面罩,如图7-3所示;普通头盔式面罩如图7-4所示;封闭隔离式
送风焊工头盔式面罩如图7-5所示;输气式防护焊工头盔式面罩如图
7-6所示。

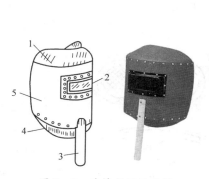

图7-2　手持式焊接面罩

1—上弯面;2—观察窗;3—手柄;
4—下弯面;5—面罩主体

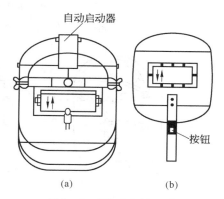

图7-3　MS型电焊面罩

图7-4　普通头盔式面罩

1—头箍;2—上弯面;3—观察窗;4—面罩主体

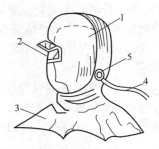

图 7-5 封闭隔离式送风焊工头盔式面罩

1—面盾；2—观察窗；3—披肩；4—送风管；5—呼吸阀

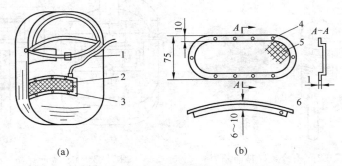

(a) (b)

图 7-6 输气式防护焊工头盔式面罩

(a) 简易输气式防护头盔结构示意图；(b) 送风带构造示意图

1—送风管；2—小孔；3—送风孔；4—固定孔；5—送风管插入孔；6—风带

2. 防护眼镜(护目镜)

焊工用防护眼镜,包括滤光玻璃(黑色玻璃)和防护白玻璃两层,焊工在气焊和气割操作中必须佩戴,除与普通防护镜片有相同的滤光要求外,还要求镜框受热后镜片不脱落;接触面部部分不能有锐角;接触皮肤部分不能用有毒物质制作。

焊工在电焊操作中,滤光片的遮光编号由可见光透过率的大小决定,可见光透过率越大,编号越小,玻璃颜色越浅,焊工比较喜欢用黄绿色或蓝绿色滤光片。焊接滤光片分为吸收式、吸收-反射式及电光式三种。

焊工在选择滤光片时,主要依据焊接电流的大小、焊接方法、照明强弱及焊工本人视力好坏来选择滤光片的遮光号。选择小号的滤光片,焊接过程会看得比较清楚,但紫外线、红外线防护不好,会伤害焊工眼睛。如果选择大号的滤光片,对紫外线与红外线防护较好,滤光片玻璃颜色较深,不易看清楚熔池中的熔渣和铁液及母材熔化情况,这样,不可避免地使焊工面部与焊接熔池的距离缩短,从而使焊工吸入较多的烟尘和有毒气体,而眼睛也会因过度集中精神看熔池,视神经容易疲劳,长久下去会造成视力下降。如何正确选择护目镜遮光号可参见表7-2。

表7-2　正确选择护目镜遮光号

焊接方法	焊条尺寸(mm)	焊接电流(A)	最低遮光号	推荐遮光号*
焊条电弧焊	<2.5	<60	7	—
	2.5~4	60~160	8	10
	4~6.4	160~250	10	12
	>6.4	250~550	11	14
气体保护焊及药芯焊丝电弧焊	—	<60	7	—
		60~160	10	11
		160~250	10	12
		250~500	10	14
钨极惰性气体保护焊	—	<50	8	10
		50~100	8	12
		150~500	10	14
空气碳弧切割	—	<500	10	12
		500~1 000	11	14
等离子弧焊	—	<20	6	6~8
		20~100	8	10
		100~400	10	12
		400~800	11	14
等离子弧切割	—	<300	8	9
		300~400	9	12
		400~800	10	14
硬钎焊	—	—	—	3或4
软钎焊	—	—	—	2
碳弧焊	—	—	—	

（续表）

焊 接 方 法	焊条尺寸(mm)	焊接电流(A)	最低遮光号	推荐遮光号*
	板厚(mm)			
气 焊	<3		—	4 或 5
	3 ~ 13			5 或 6
	>13			6 或 8
	板厚(mm)			
气 割	<25		—	3 或 4
	25 ~ 150			4 或 5
	>150			5 或 6

* 根据经验,开始使用太暗的镜片难以看清焊接区,因而建议使用可以看清熔池的较适宜的
镜片,但遮光号不要低于下限值。

如果焊接、切割中的电流较大,就近又没有遮光号大的滤光片,可将两片遮光号小的滤光片叠起来使用,其保护眼睛的效果相同。

图 7 - 7 防电光性
眼炎护目镜

焊接过程中,焊工及焊接辅助工必须佩戴符合国家劳动保护标准的面罩和护目镜。否则,受弧光辐射的伤害,会发生急性电光性眼炎,如果一个人多次发生电光性眼炎的病症,将使视力下降。也可能因长期受到红外线的伤害,眼睛产生白内障,既影响焊工身体健康,又影响焊工正常工作。目前有一种防电光性眼炎的护目镜,如图 7 - 7 所示,在发病率多的电焊辅助工操作上得到了广泛的运用。

3. 防噪声保护用品

个人防噪声保护用品主要有耳塞、耳罩及防噪声棉等。最常见的是耳塞、耳罩,最简单的是在耳内塞棉花。

1)耳罩 耳罩对高频噪声有良好的隔离作用,平均可以隔离噪声值为 15 ~ 30 dB。它是一种以椭圆形或腰圆形罩壳,把耳朵全部罩起来的护耳器(图 7 - 8)。

2)耳塞 耳塞是插入外耳道最简便的

图 7 - 8 防护耳罩

护耳器,它有大、中、小三种规格供人们选用。耳塞的平均隔离噪声值为15~25 dB,它的优点是防声作用大,体积小,携带方便,容易保持,价格也便宜。

佩戴耳塞时,推入外耳道时要用力适中,不要塞得太深,以感觉适度为止。

4. 安全帽

在高层交叉作业(或立体上下垂直作业)现场,为了预防高空和外界飞来物的危害,焊工应佩戴安全帽(图7-9)。

图7-9 组合式安全帽

安全帽必须有符合国家安全标准的出厂合格证,每次使用前都要仔细检查各部分是否完好,是否有裂纹,调整好帽箍的松紧程度,调整好帽衬与帽顶内的垂直距离,应保持在20~50 mm之间。

5. 工作服

焊工用的工作服,主要起到隔热、反射和吸收等屏蔽作用,使焊工身体免受焊接热辐射和飞溅物的伤害。

焊工常穿白帆布制作的工作服,其在焊接过程中具有隔热、反射、耐磨和透气性好等优点。在进行全位置焊接和切割时,特别是仰焊或切割时,为了防止焊接飞溅或熔渣等溅到面部造成灼伤,焊工应用石棉物制作的披肩帽、长套袖、围裙和鞋盖等防护用品进行防护。

焊接过程中,为了防止高温飞溅物烫伤焊工,工作服上衣不应该系在裤子里面;工作服穿好后,要系好袖口和衣领上的衣扣,工作服上衣要做大,衣长要过腰部,不应有破损孔洞、不允许有油脂、不允许潮湿、工作服应较轻。

　　6. 手套

　　焊接和切割过程中,焊工必须戴好防护手套(图7-10),手套要求耐磨、耐辐射热、不容易燃烧和绝缘性良好,最好采用牛(猪)绒面革制作手套。

图7-10　焊工用手套

　　7. 工作鞋

　　焊接过程中,焊工必须穿绝缘工作鞋。工作鞋应该是耐热、不容易燃烧、耐磨、防滑的高腰绝缘鞋。焊工的工作鞋使用前,需经耐电压试验5 000 V合格,在有积水的地面上焊接时,焊工的工作鞋必须是经耐电压试验6 000 V合格的防水橡胶鞋。工作鞋是粘胶底或橡胶底的,鞋底不得有鞋钉。

　　8. 鞋盖

　　焊接过程中,强烈的焊接飞溅物坠地后,四处飞溅。为了保护好脚不被高温飞溅物烫伤,焊工除了要穿工作鞋外,还要系好鞋盖。鞋盖只起隔离高温焊接飞溅物的作用,通常用帆布或皮革制作。

　　9. 安全带

　　焊工在高处作业时,为了防止意外坠落事故,必须在现场系好安全带后再开始焊接操作。安全带要耐高温、不容易燃烧、要高挂低用,严禁低挂高用。

　　10. 防尘口罩和防毒面具

　　焊工在焊接与切割过程中,当采用整体或局部通风尚不足使烟尘浓度或有毒气体降低到卫生标准以下时,必须佩戴合格的防尘口罩或防毒面具。

　　防尘口罩有隔离式和过滤式两大类,每类又分为自吸式和送风式两种。

　　隔离式防尘口罩(图7-11a)将人的呼吸道与作业环境相隔离,通过导管或压缩空气将干净的空气送到焊工的口和鼻孔处供呼吸。

　　过滤式防尘口罩(图7-11b)通过过滤介质将粉尘过滤干净,使焊工呼吸到干净的空气。

(a)

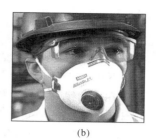
(b)

图 7 - 11 防尘口罩

（a）隔离式；（b）过滤式

防毒面具通常可以采用送风焊工头盔来代替。焊接作业中,焊工可以采用软管式呼吸器,也可以采用过滤式防毒面具(图 7 - 12)。

图 7 - 12 过滤式防毒面具

三、触电事故的处理

1. 迅速脱离电源

发生触电事故后,首先要使触电者脱离电源,这是对触电者进行急救最为重要的第一步。使触电者脱离电源一般有以下几种方法：

（1）切断事故发生场所电源开关或拔下电源插头,但切断单极开关不能作为切断电源的可靠措施,即必须做到彻底断电。

（2）当电源开关离触电事故现场较远时,用绝缘工具切断电源线路,但必须切断电源侧线路。

（3）用绝缘物移去落在触电者身上的带电导线。若触电者衣服是干燥的,救护者可用具有一定绝缘性能的随身物品（如干燥的衣服、围巾）严格包裹手掌,然后去拉拽触电者的衣服,使其脱离电源。

上述方法仅适用于 220 V/380 V 低压线路触电者,对于高压触电事故,应及时通知供电部门,采取相应的急救措施,以免事故扩大。解脱电源时需注意以下几点:

（1）如果在架空线上或高空作业时触电,一旦断开电源,触电者因脱离电源肌肉会突然放松,有可能引起高处坠落造成严重外伤。故必须辅以相应措施防止发生二次事故从而造成更严重的后果。

（2）解脱电源时动作要迅速,耗时多会影响整个抢救工作的开展。

（3）脱离电源时除注意自身安全外,还需防止误伤他人,防止事故扩大。

2. 判断神志及气道开放

触电后心跳、呼吸均会停止,触电者会丧失意识、神志不清。此时,肌肉处于松弛状态,引起舌后坠,导致气道阻塞,故必须立即开放气道。

1）判断触电者有否意识存在

（1）抢救人员可轻轻摇动触电者或轻拍触电者肩部,并大声呼其姓名,也可大声问"你怎么啦?",但摇动幅度不能过大,避免造成外伤。

（2）如无反应,可用强刺激方法来观察。整个判断时间应控制在 5～10 s,以免耽误抢救时间。

2）呼救　一旦确定触电者丧失意识,即表示情况严重,大多情况是心跳、呼吸已停止。为能持久、正确、有效地进行心肺复苏术,必须立即呼救,招呼周围的人员前来协助抢救。同时应向当地急救医疗部门求援并拨打"120"急救电话。

3）保持复苏体位　对触电者进行心肺复苏术时,触电者必须处于仰卧位,即头、颈、躯干平直无扭曲,双手放于躯干两侧,仰卧于硬地上。发生事故时,不管触电者处于何种姿势,均必须转为上述的标准体位,此体位又称"复苏体位"。如需改变体位,在翻转触电者时必须平稳,使其全身各部位成一整体转动（头、颈、躯干、臀部同时转动）。特别要保护颈部,可以一手托住颈部,另一手扶着肩部。使触电者平稳转至仰卧位,触电者处于复苏体位后,应立即将其紧身上衣和裤带放松。如在判断意识过程中发现触电者有心跳和呼吸,但处于昏迷状态,此时其气道极易被吸入的黏液、呕吐物和舌根所堵塞,故需立即将其处于侧卧的"昏迷体位",此体位既可避免上述气道堵塞的危险,也有利于黏液之类的分泌物从口腔中流出,此体位也称"恢复体位"。

4)开放气道　触电后心脏常停止跳动,触电者意识丧失,下颌、颈和舌等肌肉松弛,导致舌根及会厌塌向咽后壁而阻塞气道。当吸气时,气道内呈现负压,舌和会厌起到单向活瓣的作用,加重气道阻塞,导致缺氧。故必须立即开放气道,维持正常通气。

舌肌附着于下颌骨,能使肌肉紧张的动作如头部后仰、下颌骨向前上方提高,舌根部即可离开咽后壁,气道便通畅。若肌肉无张力,头部后仰也无法畅通气道,需同时使下颌骨上提才能开放气道。心搏停止 15 s后,肌张力便可消失,此时需头部后仰同时上提下颌骨方可将气道打开,如图 7－13 所示。

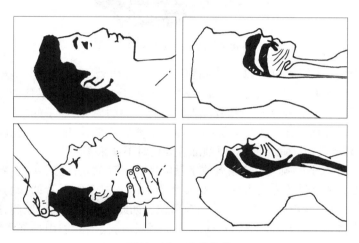

图 7－13　开放气道

常用开放气道的方法有以下几种:

(1)仰头抬颏法。仰头抬颏法如图 7－14 所示。它是一种比较简单安全的方法,能有效地开放气道,抢救者位于触电者一侧身旁,将一手手掌放于其前额用力下压,使头部后仰。另一手的中指、食指并在一起用两手指的指尖放在靠近颏部的下颌骨下方,将其颏部向前抬起,使头更后仰。大拇指、食指和中指可帮助口唇的开启与关闭,指尖用力时,不能压迫颏下软组织深处,否则会因气管受压而阻塞气道。一般作人工呼吸时,嘴唇不必完全闭合。但在进行口对鼻人工呼吸时,放在颏部的两手指可

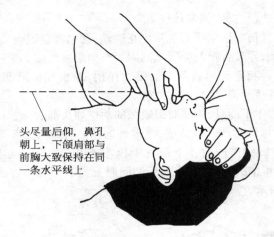

头尽量后仰，鼻孔朝上，下颌肩部与前胸大致保持在同一条水平线上

图 7 - 14　仰头抬颏法

加大力量,待嘴唇紧闭,以利气体能完全进入肺内。

此法比仰头抬颈法更能有效地开放气道,长时间操作不易疲劳。

（2）仰头抬颈法。抢救者位于触电者一侧的肩旁,一手的掌根放于触电者颈部往上托。用另一手的掌部放于其前额部并往下压,使其头部后仰,开放气道。此法简单,但颈部有外伤时不能采用。

（3）双手提颌法。抢救者位于触电者头顶部的正前方,一边一手握住触电者的下颌角并向上提升,抢救者双肘应支撑于触电者仰躺的平面上,同时使其头稍后仰而下颌骨向前移位。如此时触电者嘴唇紧闭,则需用拇指将其下唇打开。进行口对口人工呼吸时,抢救者需用颊部紧贴触电者鼻孔将其闭塞。此法对颈部有外伤的触电者尤为适宜。

在开放气道时,如触电者口腔内有呕吐物或异物应立即予以清除。此时,可将触电者小心向左(或向右)转成侧卧位即"昏迷体位",用手将异物或呕吐物清除,清除完毕仍需恢复至"复苏体位"。

3.判断有否呼吸存在

在呼吸道开放的条件下,抢救者脸部侧向触电者胸部,耳朵贴近触电者的嘴和鼻孔,通过"视、听、感觉"来判断有否呼吸存在。即耳朵听触电者呼吸时有否气体流动的声音,脸部感觉有否气体流动的吹拂感,看触电者的胸部或腹部有否随呼吸同步的"呼吸运动"。整个检查时间不得大于 5 s。

如在开放气道后,发现触电者有自主的呼吸存在,则应持续保持气道开放畅通状态。在判断无呼吸存在时,则立即进行人工呼吸。抢救者可用放在前额的手的拇指和食指轻轻捏住触电者的鼻孔,深吸一口气,用口唇包住触电者的嘴,形成一个密封的气道。然后将气体吹入触电者口腔,经气道入肺。如此时可明显观察到"呼吸动作",则可进行第二次吹气。第二次吹气的时间应控制在 2 ~ 3 s 完成。

如果吹气时,胸腔未随着吹气而抬起,也未听到或感到触电者肺部被动排气,则必须立即重复开放气道动作,必要时要采用双手提颌法。如果还不行,则可以确定触电者气道内有异物阻塞,需立即设法排除。需指出的是,触电者由于气道未开放,不能进行通气,此后进行的心脏按压也将完全无效。

4.判断有否心跳存在

心脏在人体中起到血泵的作用,使血液不休止地在血管中循环流动,并使动脉血管产生搏动。所以只要检测动脉血管有否搏动,便可知有否心跳存在。颈动脉是中心动脉,在周围动脉搏动不明显时,仍能触及颈动脉的搏动,加上其位置表浅易触摸,所以常作为有无心跳的依据。判断脉搏的步骤如下:

(1)在气道开放的情况下,作 2 次口对口人工呼吸(连续吹气 2 次)后进行。

(2)一手置于触电者前额,使头保持后仰状态,另一手在靠近抢救者一侧触摸颈动脉,感觉颈动脉有否搏动。

(3)触摸时可用食指、中指指尖先触摸到位于正中的气管,然后慢慢滑向颈外侧,移动 20 ~ 30 mm,在气管旁的软组织处触摸颈动脉。

(4)触摸时不能用力过大,以免颈动脉受压后影响头部的血液供应。

(5)电击后,有时心跳不规则、微弱和较慢。因此在测试时需细心,通常需持续 5 ~ 10 s,以免对尚有脉搏的触电者进行体外按压,导致不应有的并发症。

(6)一旦发现颈动脉搏动消失,需立即进行体外心脏按压。图 7 - 15 为检测颈动脉有否搏动的示意图。

当心跳、呼吸停止后,脑细胞马上就会缺氧,此时瞳孔会明显扩大。如果发现触电者瞳孔明显扩大,说明情况严重,应立即进行心肺复苏术。

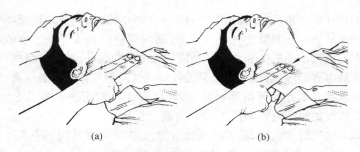

图 7 - 15 检测颈动脉

图 7 - 16 所示为瞳孔放大示意图。

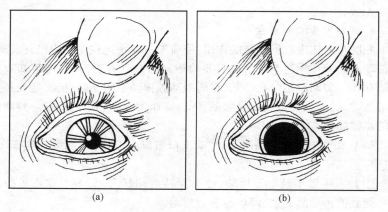

图 7 - 16 瞳孔放大

（a）正常的瞳孔；（b）放大的瞳孔

5. 现场急救处理小结

现场急救处理可按照图 7 - 17 进行小结。

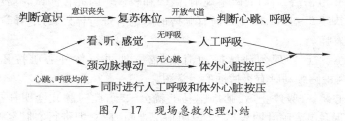

图 7 - 17 现场急救处理小结

四、现场心肺复苏

现场心肺复苏是用人工方法来维持人体内的血液循环和肺内的气体交换。通常采用的是人工呼吸和胸外按压的方法。

1. 人工呼吸

救护者对触电者完成口腔异物清除、气道畅通的操作后,根据触电者的实际情况实施人工呼吸救治,当触电者嘴能够张开,以口对口人工呼吸效果最好,如果触电者嘴巴紧闭,无法张开,救护者对触电者施行口对鼻人工呼吸救治最好。

1）口对口人工呼吸操作　救护者蹲或跪在触电者的左侧或右侧,使触电者的头部尽量后仰,鼻孔朝天,下腭尖部与前胸大致保持在同一条水平线上,救护者一只手捏住触电者鼻孔,另一只手的食指和中指轻轻托住其下巴。救护者深吸一口气后,与触电者口对口紧密贴合,在不漏气的情况下,先连续大口吹气 2 次,每次 1 ~ 1.5 s,然后观察触电者胸部是否膨胀,确定吹气的效果和适度;与此同时,用手指测量触电者颈动脉是否有搏动,如无搏动,可判断心跳确已停止,在实施人工呼吸的同时应进行胸外按压联合救治。

大口吹气 2 次测到颈动脉搏动后,立即转入正常的口对口人工呼吸,此时救护者口对口吹气频率是 12 次/min,吹气量要适中,以免引起触电者胃膨胀或者触电儿童的肺泡破裂。每次大口吹气 2 次、每次 1 ~ 1.5 s,救护人吹完气换气时,应将触电者的口或鼻放松,让他借助胸部的弹性自动吐气,为时 2 ~ 3 s,此时要特别注意触电者的胸部有无自主起伏的呼吸动作。

2）口对鼻人工呼吸操作　当触电者牙关紧闭,无法掰开嘴巴时,救护人员可改为口对鼻人工呼吸,其操作要点与口对口人工呼吸相同,只是吹气的部位是鼻孔,救护人员在吹气的时候不是捏住鼻孔,而是严密地堵住嘴巴,使之在吹气的时候不漏气,吹气的量、吹气的频率都与口对口人工呼吸操作相同。

2. 胸外按压

（1）把触电者安放在坚实的地面或木板上,仰面朝天,姿势同人工呼吸法。

（2）救护人员骑跪在触电者的身旁或跪在触电者腰部一侧,两手相叠,即一只手的手心搭在另一只手的手背上,如图7-18所示。手掌根部放在心窝上方胸骨下一点,即两个乳头中间略下一点,胸骨下三分之一处,如图7-19所示。两手掌相叠放在触电者胸部挤压部位,此时的手指应翘起,不接触触电者的胸壁。

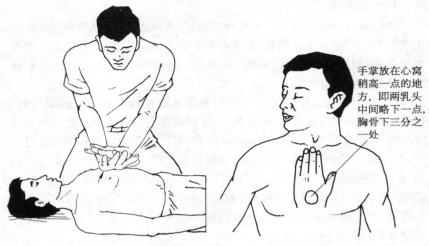

图7-18　救护人员叠手　　　　图7-19　胸外按压的位置

（3）救护人的手掌根用力向下按压,将触电者的胸部压陷30～40 mm,压出心脏的血液。然后迅速放松手掌根,使触电者的胸部自动复原,血液充满心脏。这种操作反复进行,操作频率以60～80次/min为宜,每次操作都包括按压和放松,按压和放松的时间要相等。胸外按压操作如图7-20所示。

当触电者心跳和呼吸均停止时,救护者应对触电者交替施行人工呼吸法和胸外按压法,即口对口吹气2～3次后,再进行心脏按压10～15次,照此反复循环地进行。

对失去知觉的触电者进行抢救,通常需要较长的时间,救护者需耐心进行。只有当触电者面色好转,口唇变红,瞳孔缩小,心跳和呼吸逐步恢复正常后,才可暂停数秒钟进行观察,如果还不能维持正常心跳和呼吸时,则应该继续实施抢救。在实施现场抢救的同时,还要尽快通知急救站或医院,快速派出救护车和医生,对触电者进行救治。在将触电者送往医院的途中抢救工作也不能停止。

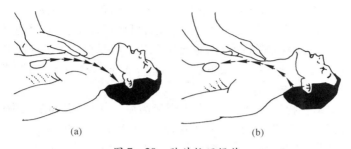

图 7 - 20　胸外按压操作

（a）向下按压；（b）迅速放松

第二节　防火、防爆及防弧光辐射

一、有害气体和焊接烟尘

1. 有害气体

CO_2 气体保护焊过程中,在电弧的高温和强烈的紫外线作用下,形成的有害气体主要有一氧化碳、二氧化碳、氮氧化物和臭氧等。

1）一氧化碳（CO）　CO_2 气体保护焊过程中,CO 的来源主要有两种:一是由于 CO_2 在高温电弧作用下分解而产生的;二是由于 CO_2 与熔化的金属元素发生反应形成的,如图 7 - 21 所示。

$$CO_2 \xrightarrow{\text{（高温）}} CO \uparrow + O$$
$$Fe + CO_2 \rightleftharpoons FeO + CO \uparrow$$
$$Si + 2CO_2 \rightleftharpoons SiO_2 + 2CO \uparrow$$
$$Mn + CO_2 \rightleftharpoons MnO + CO \uparrow$$

图 7 - 21　CO 的来源

CO 是有毒气体,由呼吸道进入体内,经肺泡吸收进入血液,与血红蛋白结合成碳氧血红蛋白,阻碍了血液携氧能力,使人体组织缺氧形成一氧化碳中毒。CO 最高容许浓度为 30 mg/m^3,它比空气轻,存在于焊接现场的上方。

2）二氧化碳（CO_2）　二氧化碳是 CO_2 气体保护焊的保护气体,人吸入过量的 CO_2 气体后,可使受害者的眼睛和呼吸系统受刺激,严重者可出现知觉障碍、呼吸困难、肺水肿,直至窒息死亡。目前对 CO_2 最高容许浓度尚未作规定,国外一些国家规定为 9 000 mg/m^3,CO_2 比空气重,常积存在焊接现场的下方。

3）氮氧化物（NO、NO_2）　由于焊接高温的作用,引起空气中的氮、氧分子离解,重新结合形成氮氧化物,其中主要是二氧化氮（NO_2）,氮氧化物是有刺激性的有毒气体,能引起呼吸困难、咳嗽剧烈、全身瘫软,高浓度的二氧化氮吸入肺泡后,由于肺泡内湿度大,反应加快。进入体内的二氧化氮约 80% 阻留在肺泡内,逐渐与水反应生成硝酸或亚硝酸。二氧化氮最高容许浓度为 5 mg/m^3,它比空气重,常积存于焊接现场的下方。

4）臭氧（O_3）　空气中的氧,在 CO_2 气体保护焊短波紫外线的激发下,发生光化学作用而产生臭氧（O_3）,臭氧是一种淡蓝色的有毒气体,当浓度超过允许值时,往往引起咳嗽、乏力、头晕、胸闷、全身酸痛,严重时可引起支气管炎。臭氧（O_3）最高允许浓度为 0.3 mg/m^3,它比空气重,常积存在焊接现场的下方。

2. 焊接烟尘

1）焊接烟尘的形成　CO_2 气体保护焊过程中,焊接烟尘是烟与粉尘的统称,其直径小于 0.1 μm 的称为烟,直径在 0.1～10 μm 之间的称为粉尘。焊接烟尘中主要成分很复杂,当焊接黑色金属时,烟尘的主要成分是 Fe、Si、Mn 等金属及其化合物。

焊接烟尘主要来源于焊接过程的金属蒸发,其次是在焊接电弧的高温作用下,CO_2 气体保护焊电弧区域内液态金属与氧发生氧化反应而生成的金属氧化物,扩散到作业现场就组成了混合烟尘。

2）焊接烟尘的危害　焊工长期接触焊接烟尘,如果防护不良,吸进过多的烟尘,将引起恶心、头痛、肺炎、气管炎,严重的会患有焊工尘肺、金属热和锰中毒等疾病。CO_2 气体保护焊焊接烟尘量及主要有毒物见表 7-3。

表 7-3　CO_2 气体保护焊焊接烟尘量及主要有毒物

焊接工艺	烟尘量（g/kg）	烟尘中主要有毒物	备注
药芯焊丝 CO_2 气体保护焊	11～13	Mn	发尘量与焊接电流无关
实芯焊丝 CO_2 气体保护焊	8	Mn	

（1）焊工尘肺。焊工长期吸入高浓度的焊接烟尘,引起肺部弥漫性、进行性纤维化为主的全身性疾病。焊工尘肺发病一般比较缓慢,多在接触焊接烟尘后的 10 年、甚至 10～20 年以上才出现焊工尘肺病症状。主要有咳嗽、气短、胸闷和胸痛等症状,部分焊工尘肺患者呈现全身无力、食欲减退、体重减轻以及神经衰弱等症状。

（2）锰中毒。焊工进行 CO_2 气体保护焊操作时,呼吸道是吸收锰的主要途径,焊接过程的锰蒸气在空气中很快地被氧化成 MnO 和 Mn_3O_4 烟雾,长期吸入超过标准浓度的锰及其化合物的烟尘,就会引起锰中毒疾病。

锰的烟尘直径很小、分散度很大,能迅速扩散,所以,在露天或通风良好的焊接现场,不容易形成高浓度状态的锰烟尘,当焊工长期在容器及管道内施焊时,若防护措施不好,焊工则有可能发生锰中毒。

锰的烟尘主要作用于焊工末梢神经系统和中枢神经系统,并能引起严重的器质性病变。锰中毒发病缓慢,潜伏期一般为 2 年以上,慢性中毒是锰中毒的发病特点,早期症状表现为疲劳、头晕、头痛、瞌睡、记忆力减退以及自主神经功能紊乱,舌头、眼睑和手指细微震颤,转身、下蹲有些困难等。焊接现场空气中锰的浓度,相关卫生标准规定为 $0.2\ mg/m^3$。

（3）焊工金属热。CO_2 气体保护焊过程中,大量的 $0.05～0.5\ \mu m$ 的氧化铁、氧化锰微粒及其他氧化物通过焊工呼吸道进入人体末梢细支气管和肺泡,从而引起焊工金属热反应病症。焊工金属热主要症状是工作后发热、继而寒颤、身体倍感倦怠、口内有金属味、恶心、喉痒、呼吸困难、胸痛、食欲不振等。

二、防火、防爆

1. 焊接现场发生爆炸的可能性

爆炸是指物质在瞬间以机械功的形式,释放出大量气体和能量的现象。

焊接时可能发生爆炸的情况有下列几种:

1）可燃气体的爆炸　工业上大量使用的可燃气体,如乙炔（C_2H_2）、天然气（CH_4）等,与氧气或空气均匀混合达到一定限度,遇到火源便发生爆炸。这个限度称为爆炸极限,常用可燃气体在混合物中所占体积百分比来表示。例如:乙炔与空气混合爆炸极限为 2.2%～81%;乙炔与氧气混合爆炸极限为 2.8% ~ 93%；丙烷和丁烷与空气混合爆炸极限分别为 2.1% ~ 9.5% 和 1.55% ~ 8.4%。

2）可燃液体或可燃液体蒸气的爆炸　在焊接场地或附近放有可燃液体时，可燃液体或可燃液体的蒸气达到一定浓度，遇到电焊火花即会发生爆炸（例如汽油蒸气与空气混合，其爆炸极限仅为 0.7% ~ 6.0%）。

3）可燃粉尘的爆炸　可燃粉尘（例如镁、铝、纤维素粉尘等），悬浮于空气中，达到一定浓度范围，遇火源（例如电焊火花）也会发生爆炸。

4）焊接直接使用可燃气体的爆炸　例如使用乙炔发生器，在加料、换料（电石含磷过多或碰撞产生火花），以及操作不当而产生回火时，均会发生爆炸。

5）密闭容器的爆炸　对密闭容器或正在受压的容器进行焊接时，如不采取适当措施也会产生爆炸。

2. 防火、防爆措施

（1）焊接场地禁止放易燃、易爆物品，场地内应备有消防器材（如灭火器），保证足够照明和良好的通风。

（2）焊接场地 10 m 内不应储存油类或其他易燃、易爆物品的储存器皿或管线、氧气瓶。

（3）对受压容器、密闭容器、各种油桶和管道、沾有可燃物质的工件进行焊接时，必须事先进行检查，并经过冲洗除掉有毒、有害、易燃、易爆物质，解除容器及管道压力，消除容器密闭状态后，再进行焊接。

（4）焊接密闭空心工件时，必须留有出气孔，焊接管子时，两端不准堵塞。

（5）在有易燃、易爆物的车间、场所或煤气管、乙炔管（瓶）附近焊接时，必须取得消防部门的同意。操作时采取严密措施，防止火星飞溅引起火灾。

（6）焊工不准在木板、木砖地上进行焊接操作。

（7）焊工不准在把手或接地线裸露情况下进行焊接，也不准将二次回路线乱接乱搭。

（8）气焊气割时，要使用合格的电石、乙炔发生器及回火防止器，压力表（乙炔、氧气）要定期校验，还要应用合格的橡胶软管。

（9）离开施焊现场时，应关闭气源、电源，应将火种熄灭。

三、防弧光辐射

焊接弧光辐射源主要包括紫外线、红外线和可见光线。它们是由于物体加热而产生的,属于热谱线。

1. 紫外线

适量的紫外线对人体健康是有益的,但焊接电弧产生的强烈紫外线的过度照射,对人体健康有一定的危害。紫外线对人体的伤害由于光化作用,它主要造成对皮肤和眼睛的损害。

1) 对皮肤的作用　不同波长的紫外线被皮肤的不同深度组织所吸收,皮肤受强烈紫外线的作用时可引起皮炎,如弥漫性红斑,有时出现小水疱、渗出液和浮肿,有烧灼感、发痒。皮肤对紫外线的反应因其波长不同而异。波长较长的紫外线作用于皮肤时,通常在 6 ~ 8 h 的潜伏期后出现红斑,持续 24 ~ 30 h,然后慢慢消失,并形成长期不退色的色素沉着。波长较短时,红斑的出现和消失较快,但头痛较重,几乎不遗留色素沉着。作用强烈时伴有全身症状:头痛、头晕,易疲劳,神经兴奋,发热,失眠等。全身症状是由于紫外线作用下人体的细胞崩溃,产生体液性蔓延,以及紫外线对中枢神经系统直接作用的结果。

2) 电光性眼炎　紫外线过度照射引起急性角膜结膜炎称为电光性眼炎。这是明弧焊直接操作和辅助工人中的一种特殊职业性眼病。波长较短的紫外线,尤其是 320 nm 以下者,能损害结膜和角膜,有时甚至侵及虹膜和视网膜。

发生电光性眼炎的主要原因有:几部焊机同时作业,距离太近时在操作过程中易受到临近弧光的辐射;由于技术不熟练,在点燃电弧前未戴好面罩,或熄弧前过早揭开面罩;辅助工在辅助焊接时,由于配合不协调,在焊工引弧时尚未准备保护(如戴护目镜、偏头、闭眼等)而受到弧光的照射;由于防护镜片破损漏光;工作地点照明不足,看不清楚焊缝,以致先点火后戴面罩以及其他路过人员受突然的强烈的照射等。

紫外线照射时眼睛受伤害的程度与照射的时间成正比,与照射源的距离成反比,并且与光线的投射角度有关。光线与角膜成直角照射时作用最大,偏斜角度越大其作用越小。

眼睛受强烈的紫外线短时间照射即可导致发病。潜伏期一般为0.5 ~ 24 h,多数在受照射后 4 ~ 12 h 发病。首先出现两眼高度羞明、流泪、异物感、刺痛、眼睑红肿痉挛,并常有头痛和视物模糊。一般经过治疗和护理,数月后即恢复良好,不会造成永久性损伤。

3）对纤维的破坏　焊接电弧的紫外线辐射对纤维的破坏能力很强,其中以棉织品最甚。由于光化作用的结果,可导致棉布工作服氧化变质而破碎,有色印染物显著褪色,这是明弧焊焊工棉布工作服不耐穿的原因之一,尤其是氩弧焊、等离子弧焊等操作时更为明显。

2. 红外线

红外线对人体的危害主要是引起组织的热作用。波长较长的红外线可被皮肤表面吸收,使人产生热的感觉;短波红外线可被组织吸收,使血液和深部组织加热,产生灼伤。在焊接过程中,眼部受到强烈的红外线辐射,立即感到强烈的灼伤和灼痛,发出闪光幻觉。长期接触可能造成红外线白内障,视力减退,严重时可能导致失明。此外还会造成视网膜灼伤。

氩弧焊的红外线强度为手工电弧焊的 1.5～2 倍;而等离子弧焊又大于氩弧焊。

3. 可见光线

焊接电弧的可见光线的光度,比肉眼正常承受的光度大约大 1 万倍。当受到照射时眼睛疼痛、发花、看不清东西,长期作用会引起视力减退,可在短时间内失去劳动力。通常称为电焊"晃眼",气焊火焰也会发出这种光。

综上所述,焊接电弧是极其强烈的辐射能源,它直接辐射或反射到人体未加防护的部位后,即产生辐射和化学病理影响。辐射对未加防护的视觉器官的影响见表 7-4。

表 7-4　电弧光对视觉器官的影响

类　别	波长（μm）	影响的性质
不可见的紫外线（短）	<310	引起电光性眼炎
不可见的紫外线（长）	310～400	对视觉器官无明显影响
可见光线	400～750	当辐射光极其明亮时,会损坏视网膜和脉管膜。视网膜损害严重时会使视力减弱,甚至失明,长时间影响时会感到眩晕
不可见的红外线（短）	750～1 300	反复长时间的影响,会使眼睛水晶体的向光表面上产生白内障,水晶体逐渐变浊
不可见的红外线（长）	1 300 以上	当影响很严重时,眼睛才会受到损害

第三节　特殊环境焊接的安全知识

一般工业企业在正规的厂房内的焊接都是很普遍的,但是有很多的焊接是在这些地方之外来完成的。例如容器内部、高空作业、露天或野外等场所的焊接都属于特殊环境下的焊接。在这些地方焊接时除要遵循一般的安全技术外,还要遵守一些特殊的规定。

一、容器内的焊接

容器内焊接作业安全技术除遵守一般焊接作业的规定外,还应注意以下几点:

(1)在密闭容器、罐、桶、舱室中焊接、切割,应打开施焊工作物的孔、洞,使内部空气流通,以防止焊工中毒、烫伤,必要时应设专人监护。工作完成或暂停时,焊接工具、电缆等应随人带出,不得放在工作地点。

(2)在狭窄和通风不良的容器、管段、坑道、检查井、半封闭地段等处焊接时,必须采取专门的防护措施。通过橡胶衬垫、穿绝缘鞋、戴绝缘手套确保焊工与带电体绝缘,并有良好的通风和照明。

(3)窗口内作业须使用12 V灯具照明,灯泡要有金属网罩防护。窗口内潮湿不应进行电焊作业。

(4)在必要情况下,容器内作业人员应佩戴呼吸器等救生设备。

(5)焊补化工容器前,必须用惰性较强的介质(如氮气、二氧化碳、水蒸气或水)将容器原有可燃物或有毒物质彻底排出,然后再实施焊补,即置换焊补。经过容器内、外壁彻底清洗置换后,窗口内的可燃物质含量应低于该物质爆炸下限的1/3。有毒物质含量应符合《焊接与切割安全》(GB 9448—1999)的相关规定,并在焊接时随时进行检测。

(6)焊补带压不置换化工容器时,容器中可燃气体的含氧量(质量分数)应控制在1%以下;焊补容器必须保持一定的、连贯稳定的正压。正压值可根据实际情况控制在1.5~5 kPa。超过规定要求时应立即停止作业。

(7)带压不置换焊补作业时,如发生猛烈喷火,应立即采取灭火措施。火焰熄灭前不得切断容器内燃气源,并要保持系统内足够的稳定压力,以防容器内吸入空气形成混合气而发生爆炸事故。

（8）置换焊补、带压不置换焊补作业都必须办理动火审批手续,制定现场安全措施和落实监督责任制度后方可实施焊接作业。

二、高空作业焊接

（1）在高处作业时,焊工首先要系上带弹簧钩的安全带,并把自身连接到构架上。为了保护下面的人不致被落下的熔融滴和熔渣烧伤,或被偶然掉下来的金属物等砸伤,要在工作处的下方搭设平台,平台上应铺盖铁皮或石棉板。高出地面1.5 mm以上的脚手架和吊空平台的铺板须用不低于1 m高的栅栏围住。

（2）在上层施工时,下面必须装上护栅以防火花、工具和零件及焊条等落下伤人。在施焊现场5 m范围内的刨花、麻絮及其他可燃材料必须清除干净。

（3）在高处作业的电焊工必须配用完好的焊钳,附带全套备用镜片的头盔式面罩、锋利的錾子和手锤,不得用盾式面罩代替头盔式面罩。焊接电缆要紧绑在固定处,严禁绕在身上或搭在背上工作。

（4）焊接用的工作平台,应保证焊工能灵活方便地焊接各种空间位置的焊缝。安装焊接设备时,其安装地点应使焊接设备发挥作用的半径越大越好。使用活动的电焊机在高处进行焊条电弧焊时,必须采用外套胶皮软管的电源线;活动式电焊机要放置平稳,并有完好的接地装置。

（5）在高处焊接作业时,不得使用高频引弧器,以防触电、失足坠落。高处作业时应有监护人,密切注意焊工安全动态,电源开关应设在监护人近旁,遇到紧急情况立即切断电源。高处作业的焊工,当进行安装和拆卸工作时,一定要戴好安全帽。

（6）遇到雨、雾、雪、阴冷天气和干冷时,应遵照特种规范进行焊接工作,焊工工作地点应加以防护,免受不良天气影响。

（7）电焊工除掌握一般操作安全技术外,高处作业的焊工一定要经过专门的身体检查,通过有关高处作业安全技术规则考试才能上岗。

三、露天或野外作业焊接

（1）夏季在露天工作时,必须有防风雨棚或临时凉棚。

（2）露天作业时应注意风向,注意不能让吹散的铁水及熔渣伤人。

（3）雨、雪或雾天时不准露天电焊，在潮湿地带工作时，焊工应站在铺有绝缘物品的地方，并穿好绝缘鞋。

（4）应安设简易蔽板，遮挡弧光，以免伤害附近工作人员或行人的眼睛。

（5）夏天露天气焊时，应防止氧气瓶、乙炔瓶直接受烈日暴晒，以免气体膨胀发生爆炸。冬天如遇瓶阀或减压器冻结时，应用热水解冻，严禁用火烤。